"智慧海洋"出版计划

Sea Landmarks of China

中国海洋地标

青岛海洋科普联盟 编

文稿编撰　赵　悦　曹海燕

图片统筹　张跃飞

U0189951

中国海洋大学出版社
CHINA OCEAN UNIVERSITY PRESS

编创团队

编委会

主　　任：王　建　青岛市科学技术协会党组书记、主席

　　　　　徐　冰　青岛市科学技术协会党组成员、副主席

副 主 任：齐继光　青岛海洋科技馆馆长

　　　　　王云忠　青岛海洋科技馆书记

　　　　　杨立敏　中国海洋大学出版社董事长、社长

　　　　　刘大磊　青岛海洋科技馆副馆长

委　　员：丁剑玲　王　沛　李夕聪　魏建功　徐永成

总 策 划：齐继光

主　　编：杨立敏

编辑委员会

主　　任：杨立敏

副 主 任：李夕聪　魏建功

成　　员：丁剑玲　郭嘉瑱　任　涛　韩　涵　李学伦　李建筑

　　　　　徐永成　张跃飞　郭周荣　孙玉苗　董　超

序言

　　浩瀚海洋是丰饶的蓝色宝藏，也是人类共同的家园。数千年来，我们的先民扬帆远航、深耕大海，创造了瑰丽璀璨的传统海洋文化，缔造了生生不息的中华海洋文明。在新一轮科技革命和产业变革形成叠加之势的今天，海洋之于国家，战略地位更加突出，深远意义愈发凸显。建设海洋强国，实现海洋强国梦，离不开海洋文化的浸润滋养，必须扎根于公民海洋科学素质不断提升这片沃土。

　　近年来，国内诸多依海而生、向海而兴的滨海城市，立足于当地资源禀赋，服务于经略海洋战略，竞相挖掘优势、整合资源、创新模式，做足科普"海文章"，推动科普事业航向朝着"深蓝"进发。

　　体现着地域海洋文化和城市文化品格的海洋地标，是优质海洋科普资源的重要板块，更是普及海洋科技知识的重要载体。为了丰富海洋文化内涵，传承海洋文化基因，提升公众海洋科学素养，由青岛市科协牵头组织，青岛海洋科普联盟对我国海洋地标进行梳理、汇总和挖掘、提炼，编辑出版了这本《中国海洋地标》。书中介绍了66个承载民族文化记忆、体现鲜明文化特质、具有浓郁地域特色、记载探索海洋足迹的海洋地标，包括"千年出海口"——旅顺口、"海洋上的故宫"——国家海洋博物馆、中国海洋科学研究的策源地——青岛水族馆、长江经济带南翼"龙眼"——宁波舟山港、"中国近代海军的摇篮"——福州马尾福建船政、亚洲首座全球最佳主题公园——香港海洋公园等，其中有中华海洋文明的发祥地，有海陆生态资源丰富的热门景点，也有培育现代海洋产业新动能的集聚区。

　　本书以图文结合的方式，向读者系统介绍的代表性海洋地标，凝结着丰富多彩的海洋文化符号，包括海洋博物馆、海洋科技、海洋军事、海洋港口、海洋旅游，体现着不同地区的人文风情，折射着鲜明的时代印记。希望《中国海洋地标》通过汇聚海洋文化元素，让更多青少年走近海洋、认识海洋、了解海洋，在心中埋下热爱海洋、献身海洋、探索海洋的种子，进而点亮创新创造之光、放飞海洋科学梦想；希望广大读者通过便览海洋地标，进一步增强海洋文化自信心和民族自豪感，树牢正确的海洋观，不断强化海洋意识，提升海洋科学素养；希望以此书问世为契机，推动科技工作者和科普工作者携手并进，勇担社会责任，发挥专业优势，加强联动协作，积极加入科技志愿服务和科普创作队伍中，共同提升前沿海洋科技知识实现科普转化的效率，构筑海洋经济未来高质量发展新优势，在建设海洋强国的伟大征程中奏响蓝色强音、书写绚烂篇章！

2019 年 8 月 21 日

目录

渤海篇

黄海篇

东海篇

南海篇

极地篇

渤海日落

渤海篇

传奇旅顺口，"渤海咽喉"的前世今生

　　旅顺口位于辽东半岛最南端，与山东半岛隔海相望，是我国北方著名的不冻港。1991 年开辟的旅顺新港，被人们称为沟通辽东半岛和山东半岛的"黄金水道"。旅顺口有着悠久的发展历史，也有着代代流传说不尽的故事。

　　旅顺口一带原本是一个小渔村。今天的旅顺口在辽金元时期被称作狮子口。现在旅顺的滨海公园里铸有一尊铜狮子，就是这千年出海口的象征。明洪武四年（1371），为了平定这一地区的元朝残余势力，明太祖朱元璋派兵从山东蓬莱乘船跨海在此登陆。因海上旅途一帆风顺，遂将狮子口改为"旅顺口"。

旅顺口

近代历史的缩影

  旅顺口素有"渤海咽喉"和"京津门户"的称号，是一个极具战略地位的出海口。随着中国近代史大幕的拉开，旅顺口的重要性也越来越得以凸显。洋务运动时期，清政府历时 10 年耗资白银 130 多万两，于 1890 年建成了旅顺口军港。从那时起，旅顺口军港就担负起了扼守京津要塞的重任。但不幸的是，近代中国的历史是一部屈辱的历史。作为历史的见证者，旅顺口先后遭受了中日甲午战争和日俄战争战火的摧残，长期处在侵略者的殖

旅顺口军港

民统治之下，所以也就有了"一个旅顺口，半部近代史"的说法。也正是由于这么一段特殊的历史，旅顺口也被赋予了独特的历史文化资源。例如，纪念旅顺大屠杀死难同胞的旅顺万忠墓纪念馆，就是我国爱国主义教育示范基地和国家级重点文物保护单位。它让人们铭记历史，勿忘国耻；在和平年代，激发着人们的爱国主义热情。

点燃希望的海灯

悠久的发展历史也使旅顺口地区形成了独特的海洋民俗文化，其中最出名的当属每年农历正月十三的海灯节。每到海灯节的傍晚，当地居民就会纷纷赶往龙王塘，观看渔民的祭海活动。海灯节上的主要活动就是放海灯。所谓海灯，实际上是一条条点着蜡烛的小木船。渔民趁着暮色把小木船轻轻地推进大海，一时间好像是在海面上撒下了无数颗金黄色的小星星。这些"小星星"们向大海深处漂去，满载着渔民的丰收祝福和企盼。年复一年，小小的海灯将爱与希望在旅顺口久久地传递了下来。

除了独特的历史文化遗产和海洋民俗文化，如今的旅顺口还拥有国家级风景名胜区、国家级自然保护区和国家级森林公园。游客们可以去蛇岛看蛇，去老铁山看鸟，去旅顺博物馆领略千百年前从商代至辽金时代的文物风采。旅顺口就像一个立体的展厅，向我们展示着千百年间的故事：从曾经军港的战火，到如今海灯的灯芯，旅顺口的传奇故事还在继续。

黄渤海分界线，一道神奇的分水线

渤海与黄海之间有一条神奇的分水线，它就是辽宁旅顺老铁山与山东蓬莱田横山之间的连线。之所以说神奇，是因为在这条线上的海水的颜色清晰可辨：东部黄海的海水是深蓝色的，西部渤海的海水略呈黄色，二者在此交汇却又彼此不能相容，黄、蓝两色截然分明，好像是一块天然的巨大调色板。

分界线的由来

关于黄渤海分界线的成因，民间还有一种流传已久的说法。相传，当年玉皇大帝给渤海、黄海、东海、南海划分了海疆。本来四海龙王应当各自领命，相安无事，没想到渤海与黄海的龙王偏偏看对方不顺眼，于是在黄渤海的交界处总是摩擦不断，在边界巡逻的虾兵蟹将们每每相遇，免不了互相挑衅。黄海、渤海的两位龙王都对手下们在边界的小摩擦听之任之，结果"小冲突"越闹越大，最终惊动了天庭。玉皇大帝派太白金星前去巡视，正看见虾兵蟹将们在两海的交界处打作一团，于是太白金星回去如实地禀报给了玉帝。玉帝当即命令太白金星手持一支令箭投向老铁山前洋，只听轰隆一声巨响，溅起万丈波涛，海底突然生出一道深深的海沟，两海的颜色也随之分别变成了黄、蓝两色。从此，黄海、渤海的两位龙王就以此为界，再也不互相争斗了。不过有趣的是，至今两海交汇的海域依然是风急浪险，似

黄渤海分界线

乎两个小心眼的龙王还在斗气。实际上，这种"泾渭分明"的独特景观是由黄渤海交界处的海沟引起的对流现象造成的。

老铁山与田横山

"老铁山头入海深，黄海渤海自此分。"说到黄渤海分界线，就不得不提老铁山。老铁山角位于辽东半岛的尖端，延伸至黄海和渤海之间，形成了黄海和渤海的自然分界。

老铁山灯塔

二龙戏珠地标

老铁山灯塔是这里的地标性建筑，它是1893年由清政府出资、英国人设计、法国人建造的，经历了百余年的风风雨雨，至今保存完好，依然起着引领导航的作用。

　　田横山是黄渤海分界线上的另一个著名景点。一提到田横山很多人想到的都是田横与五百壮士的壮举。除此之外，田横山还有一个很重要的身份，那就是黄渤海的分界坐标。设计师们别出心裁地在田横山上设计了一个二龙戏珠的地标。地标上两条盘曲而上的巨龙，象征黄海与渤海；二龙所戏的一珠代表的是蓬莱。这既呈现了华夏图腾艺术的美感，也成为田横山的名片。田横山上的栈道沿山而起，可以使游客获得"脚踏万顷碧涛，头顶危岩绝壁"的观景体验，也给观赏黄渤海分界线提供了别样的感受。

大连海事大学，航海家的摇篮

21世纪是海洋的世纪，高质量海洋人才的培养是一个国家在新世纪占得发展先机的重要保障。在国内海事相关院校中，大连海事大学是其中颇具特色的一所。

大连海事大学校门

航海家的摇篮

大连海事大学位于大连市西南部，是交通运输部直属高校，国家"世界一流学科"建设高校，被国际海事组织认定的世界上少数几所"享有国际盛誉"的海事院校之一。学校拥有设施和功能齐全的航海类专业教学实验楼群、航海训练与工程实践中心、水上求生训练馆、教学港池、图书馆、游泳馆、天象馆等，拥有航海模拟实验室、轮机模拟实验室等100余个教学科研实验室以及2艘远洋教学实习船。完备的硬件条件给学校的教学质量提供了坚实的保障。

大连海事大学是国家航海类专业人才培养模式创新实验区，它的王牌专业航海技术和轮机工程都是专业性极强的航海相关专业，于是大连海事大学也就有了"航海家的摇篮"的美誉。年复一年，千千万万的学子怀揣着航海梦来到这里。不过，想圆航海家的梦可不是那么容易的。

"指导员"

众所周知，每一个大学都会以班级为单位给学生们配备辅导员。辅导员负责引导班里学生熟悉校园生活，解决学生们在校期间生活上、学习上遇到的各式各样的困难，类似于中学时的班主任，也像是一个保姆。但是，在大连海事大学没有"辅导员"，取而代之的"指导员"实际上是一个类似上级管理者的角色。"指导员"的称号也很容易让人联想到部队里的上级军官，这体现了大连海事大学半军事化管理的治校作风。

对于海事大学的王牌专业，即"海上专业"，学校一律施行军事化管理；其余专业施行普通管理。在军事化管理之下，学生们每天踩着起床号参加晨练，严格整理内务，按时就餐、上课、午休、晚自习，最后枕着熄灯号就寝。这是大连海事大学的学子们要跨的一个坎，这个坎叫作自律。

"学汇百川，德济四海"

"学汇百川，德济四海"是大连海事大学的校训。意思是海事大学的学子们要有大海般的胸襟，虚怀若谷，善于学习；同时，要做到以德为本。学校在治学上倡导百花齐放，百家争鸣，容纳各种学术思想，培育人才要以德为先。这种德才兼备的教育理念在校徽上也有所体现。

大连海事大学的校徽像是一个乘风破浪的航船。海浪像是一本打开的书，也像是张

大连海事大学校训石

开的绿叶；船帆则像是一只振翅的和平鸽。校徽象征着对于知识的无限探索，对于成长的呵护，也象征着对于和平的追求。

大连海事大学校徽

大连海事大学在海洋学科上不断探索，不断前进。除了航海技术和轮机工程专业之外，学校在海上交通工程、航海信息工程、船舶智能化、船舶动力系统及节能技术、船机修造工程、通信与信息系统、海洋环境保护、海事法规体系等领域，集中了一批专业理论深厚、科研能力较强的知名专家、教授和学术思想活跃又富有创新精神的青年骨干。他们都是我国海洋事业发展的生力军。

在大连海事大学的校园里，每天一早一晚的号声就好像是大海一早一晚的潮汐，从不缺席，从不迟到。那号声也是梦想启航的声音，为了祖国的那片蓝海，为了祖国的未来。

盘锦红海滩，
浪漫的红色海岸线

　　盘锦红海滩位于辽宁省盘锦市大洼区赵圈河镇境内，是集游览、观光、休闲、度假为一体的综合性绿色生态旅游区，被称为"中国最浪漫的游憩海岸线"。红海滩4月初为嫩红，后来颜色逐渐变深，10月份由红变紫。举世罕见的红色海滩与数以万计的珍稀水禽一道，为游览者们搭起了一条生态风景廊道。

红海滩的由来

　　关于红海滩的成因有着各式各样的传说，而这些传说大多是和爱情有关。红色的海滩点燃了人们关于爱情的浪漫幻想，故事里有下凡

翅碱蓬

的仙子，也有上岸的龙女，可惜故事的最后往往是有情人不能终成眷属，于是相思血泪把海滩染成了红色。

实际上，把整条海岸线染成红色的是翅碱蓬。这种植物通常生于海滨、湖边、荒漠等处的盐碱荒地上。红海滩位于海与陆地的边缘，淡水与海水融汇。沙与土、盐与碱，在这里有机地结合，为翅碱蓬提供了良好的生长环境，加上翅碱蓬本身旺盛的生命力，每年春去秋来，一片片的碱蓬草由绿逐渐变红，犹如一块红色的地毯直铺到天边。

翅碱蓬不仅仅是一种观赏植物，还是一种优质蔬菜和油料作物，营养丰富可食用。在"三年困难时期"，红海滩曾成为救命滩，滩边的渔民们采来翅碱蓬的籽、叶和茎，掺着玉米面蒸成馍馍，对抗自然灾害带来的粮食紧缺。也许正是在困难时期培养出了感情，至今，翅碱蓬也还是当地人们餐桌上的常见食材。

鸟的天堂

春归大地，百鸟北还，这时的红海滩是众多候鸟迁徙、停歇、繁衍的天堂。

每年春天，大批的候鸟相继从遥远的南国成群结队地飞来，打破了这里入冬以来的沉寂。红海滩是丹顶鹤繁殖的最南限，每年都有丹顶鹤在此产卵、育雏。这里也是世界濒危物

盘锦红海滩丰富的鸟类资源

种黑嘴鸥种群最大的繁殖地和栖息地，黑嘴鸥种群数量从原来的不足千只到目前突破上万只。另外，高贵优雅的天鹅，也会在春天慕名而来。它们聚集在平静的水面上，款款地划着海水，为水面增添了无尽的柔情蜜意。鹬鸟群飞形成的鸟浪是红海滩春季的招牌景观——成千上万的鹬鸟落则成群，飞则连片，恍如一幅魔幻图画，令人目不暇接。有数据表明，这一望无垠的湿地容纳了 280 多种鸟类起舞欢歌，觅食嬉戏，是名副其实的鸟的天堂。

一年一度的盘锦红海滩国际马拉松赛也是红海滩的一件大事。"红马"组委会希望通过这个赛事能够让更多的人领略到这里的独特景色。红色象征着红海滩的热情，也象征着红海滩的浪漫，如今越来越多的人开始记住并且喜欢上了这片红色的海滩。

锦州笔架山，"笔峰插海，天下一绝"

"笔峰插海"是锦州八景中最具特色，也是最负盛名的一个景点。这里的"笔峰"就是指笔架山。笔架山其实是一座海岛，位于锦州西南方向的渤海湾内，因其形似笔架故名笔架山。笔架山规模并不大，但凭借自身独特的魅力一直受到游客们的偏爱。

奇特的天桥

笔架山天桥是一条长达 1620 米的天然沙石带，它把海岸和山岛连在一起。天桥在涨潮的时候就没到了水下，是看不到的，这时人们可以在上边载舟行船。虽是如此，天桥的痕迹还是清晰可见的。海浪从天桥两侧涌来，任波涛如何大，都会在天桥上面相交，激起来高高的浪花，然后向后退去。天桥就好似一个天然的分水线。海浪越大，水花越高，但是两侧的波涛都不会过线半步。

笔架山

落潮的时候，天桥就会从水下慢慢浮现出来。浪头交汇的地方海水颜色会慢慢变浅，透过水面能隐隐约约地看到一条好像龙脊一般的沙石带。慢慢地，"龙脊"两侧的浪花分成两排，一条 15 米宽的天桥完全露出了水面，直通笔架山。游客们在天桥上行走，感觉如同在海中行走一般。每当艳阳高照，远远望去，天桥尽头的笔架山如同一个顶天立地的笔架，大自然正拿着这支如椽大笔，书写着万般的神奇。正所谓"笔峰插海，天下一绝"。有诗赞曰："汪洋三万六千顷，笔架独峰浸其间。"

笔架山天桥的由来

笔架山相传原本是玉皇大帝的笔架。有一天，一个神仙办事不力惹怒了玉帝，玉帝一气之下抓起笔架朝那个神仙扔去。那个神仙身手灵活，闪身躲开。笔架落到凡间，变成了笔架山。笔架山前的这个天桥是仙女们为了方便凡人们登岛采集仙草而搭建起来的。实际上这天桥是经过长时间的海浪冲刷和堆积形成的。

地质学家对天桥的成因进行了分析和解读，并把它归纳为 3 种自然条件同时具备以后的产物，即海中有岛，岛上有石，海中有潮。

笔架山天桥

笔架山风景区的大门

具体而言，海浪天天冲击着海岸，山上风化的碎石在海浪的搬运下成了天桥的建筑材料，再加上笔架山的方向正好顺着涨潮的方向，在地貌学上正好构成一个岬角。海浪遇到岬角，其冲刷能力会降低，这里的潮头又是半日潮，海水一天两次搬运堆积碎石，并经过一段漫长的时间，形成这样一个天桥。

笔架山风景区的大门设计非常独特，南侧是高 20 米的彩虹拱门，北侧则是 22 米高东西对称的两把金钥匙造型，寓意两把金钥匙为游客们打开景区的大门。此外，笔架山上还修建了不少庙宇和亭台楼阁，比较出名的有吕祖亭、太阳殿、五母宫、万佛堂、龙王庙、三清阁。其中，三清阁上下 6 层全部用石头建造，没有用一钉一木，实为国内罕见。景区每年接待游客近百万人，笔架山以它独特的魅力吸引着越来越多的人前来一探究竟。

觉华岛，"海上仙山"

觉华岛地处辽宁省西部的葫芦岛市东南部海域，距离兴城古城（宁远卫城）10 余千米。海岛呈长葫芦形，是辽东湾第一大岛屿。觉华岛为人所熟知的原因有二，一文一武：文指的是觉华岛上的佛教文化，武指的是明朝末年的觉华岛之战。二者结合到一起，使得觉华岛有着一种别样的风采。

觉华岛鸟瞰图

"北方佛岛"

觉华岛曾被誉为"北方佛岛"，佛教文化是觉华岛的灵魂。早在辽金时代觉华岛就已经是一个远近闻名的佛教圣地。辽代以崇尚佛教著称，当时著名的学问僧司空大师就曾居住在觉华岛上，并在岛上修建了大龙宫寺。大龙宫寺建成后成为辽代的佛教中心，当地人比喻"南有普陀山，北有觉华岛"即是最好的说明。

岛上佛教名胜古迹众多，著名的有辽代大龙宫寺、明代大悲阁、海云寺、石佛寺、八角井、唐王洞等。如今的觉华岛，整合了原有的佛教旅游资源与岛上的自然景观，形成了一个动静结合、具有文化和景观特色的海岸景观旅游区，力求重现"北方佛岛，生态仙都"的风采。游览区内设计了"觉华八景"，即天街迎客、城垣怀古、山水静心、云顶净身、梵宫泽道、山海汇智、渔舟唱晚、海上生莲。这八景的布局体现出了设计者的匠心，从天街迎客开始，伴随着游览的一步步深入，游客们渐入佛境，经历了从参佛到悟佛，再到听佛，最终拜佛的过程。

大龙宫寺大雄宝殿

觉华岛之战

　　觉华岛能够成为佛学中心与它四通八达的交通条件和地理位置密切相关，也正是由于觉华岛优越的地理位置，让它成为明代北方的战略性屯粮地，惨烈的觉华岛之战也因此打响。

　　觉华岛之战发端于努尔哈赤"意外"地兵败宁远城。努尔哈赤自从25岁开始征伐以来，一路战无不胜，攻无不克，被人们称为天命汗。但是宁远城袁崇焕守军的顽强抵抗让他第一次尝到了失败的味道，这种挫折感转化成了努尔哈赤的一腔怒火，他决定以攻泄愤，而承受这雷霆之怒的正是觉华岛。海洋本来是觉华岛天然的屏障，但当时正值寒冬，海面冰封，努尔哈赤凭借天时率领后金骑兵一路踏冰而来。这大大出乎明军的意料。觉华岛上的守军为了抵抗骑兵的冲阵，沿岛凿开了一道长达 15 里的冰濠。然而，天气严寒，被凿开的冰面很快又被寒风冻合。相较于排山倒海的后金骑兵，觉华岛上的守军人数明显处于劣势，部队构成上又大多是水兵，缺少抵抗骑兵的盔甲和兵器，加上之前夜以继日的凿冰已经让守军们苦不堪言，在与后金骑兵正面交锋的战场上，觉华岛的守军们虽然拼死抵抗，但最终还是惨败给了后金兵。大获全胜的后金兵示威般地点燃了岛上的粮仓，被鲜血染红的冰面上一时火光冲天。觉华岛之战是一场历史的悲剧，值得后人反思。觉华岛上那些战争的遗迹就像愈合的伤疤在声声呼唤着和平。

　　"平生点检江山好，我自龙宫觉华岛"——这是古人对觉华岛的评价。如今，觉华岛已经是国家 AAAA 级旅游景区、"中国最佳佛教文化旅游目的地"，同时也被评为

努尔哈赤画像

游客喜爱的"辽宁省十佳海岛"。它正端坐在我国的北方，向前来观光的游客们讲述着自己的故事。

碣石秦汉遗址群，
沉睡千年的宫殿

姜女石

1982 年，锦州市文物普查队在辽宁省绥中县万家镇南部姜女石附近的沿海岸线一带发现了一系列秦汉时期的遗址，其规模巨大。经专家鉴定，这一系列遗址群与秦始皇、汉武帝东巡碣石有关，因此命名为碣石秦汉遗址群。其中包括 6 处大型宫殿遗址。于是，这些沉睡了千年的宫殿再次走进了人们的视野。

大工程

碣石秦汉遗址群的 6 处大型宫殿遗址，总占地面积达 14 平方千米，约相当于 70 个国家体育场（鸟巢）的大小。其中，最大的一处是碣石宫遗址。经考证，碣石宫是当年秦始皇东临碣石的驻扎之地，也是遗址群的主体建筑。有专家把碣石宫与秦始皇陵和阿房宫并称为"秦代三大工程"。

碣石宫背山面海，中轴线南端正对着海中的巨石（姜女石），背靠巍峨连绵的燕山山脉，山上还有逶迤起伏的长城，给人以特殊

碣石宫遗址

的安全感。碣石宫整体为长方形布局，南北长 500 米，东西宽 300 米，宫殿四周被夯土墙环绕，墙基宽 2.8 米，墙壁陡直。宫殿的主体建筑靠近海岸线，从遗留下来的夯土台来看，应该是一个规模宏伟的高台多级建筑。

宫殿两侧有角楼，后面还有庞大的建筑群。行走其间，遗址中的大小居室、排水系统、粮储系统等都清晰可见，可称得上"五步一楼，十步一阁"。如此规模的建筑群，在当时的中国，除了秦朝首都咸阳之外是很罕见的。

大瓦当

瓦当是中国古代建筑中常见的要素。它覆盖在建筑檐头筒瓦的前端，便于屋顶漏水，起着保护檐头的作用。瓦当在古代匠人们的手中也常常被雕刻上各种祥瑞的图案，在实用的同时，又增加了建筑的美观。碣石秦汉遗址中发现的大瓦当，可以称得上是当时的"瓦当之王"了。

在遗址的挖掘过程中，大瓦当的出土让

碣石秦汉遗址群出土的秦代瓦当
（辽宁省文物考古研究所藏）

当时的考古界为之一振。在碣石秦汉遗址群中，挖掘出的高浮雕夔纹巨瓦当，当面径长 52 厘米，高 37 厘米，瓦当上的纹饰线条流畅，风格古朴典雅。如此大而精美的瓦当实属罕见。类似的瓦当仅在秦始皇陵区出土过一件，是秦始皇专用的建筑材料。另外，遗址中还出土了大量的汉砖和云纹瓦当。其中，"千秋万岁"大瓦当也是汉代帝王们宫殿的专属建材。有专家推断，此处应是当年秦始皇东巡的一处行宫，并且延续至汉代，同时也是汉武帝东巡观海的"汉武台"。从这些大瓦当中可以想见，2000 多年前这里的宫殿的磅礴大气。

碣石秦汉遗址群在 1988 年被列为全国重点文物保护单位。其中，后来发掘的石碑地遗址被评为"1997 年度全国十大考古新发现"。

山海关，"天下第一关"

"两京锁钥无双地，万里长城第一关。"诗句中的"第一关"就是指的山海关。它坐落于河北省秦皇岛市东北，是明长城的东北关隘之一，与镇北台和嘉峪关并称"中国长城三大奇观"。山海关长城作为举世闻名的长城入海处，是万里长城的重要组成部分，也是中国古建筑宝库中的一个杰作，同时它与万里长城一起成为中国人心目中一个特殊的文化符号。

天下第一关

山海关建于明朝洪武十四年（1381），600多年来一直镇守在我国华北与东北的交通要冲。它北起燕山山脉，南邻渤海湾，连通山海，故名山海关。山海关并不是一个简简单单的城池，它是由关城、长城及诸多城堡组成的。北面的角山、南面的大海都是关城的一部分，居中的关

山海关

城在其他城堡的围绕之下，如众星拱月一般。关城四周的城墙长 4769 米、高 11.6 米、厚 10 余米，气势雄伟，固若金汤。这些高大坚实的城墙让敌人望而却步，因此山海关在建成后从来没有被敌人攻陷过。

箭楼是山海关最著名的景点。箭楼东、南、北三面有箭窗 68 个：平时用木制朱红窗板掩盖；战时则撤下盖板，居高临下向敌人射击。"天下第一关"的匾额就是高悬在箭楼二层正面。匾额上的字由谁而提，没有明确记载，相传为明宪宗朝的大手笔萧显所写。据说萧显写匾之前，他的邻居孤老为他磨了七天七夜的墨，盛放于水缸之内。萧显写到"天下第一关"的"一"字时，豪情大发，用自己的头发蘸饱浓墨，以发代笔，一挫、一拖、一顿，一个"一"字便写了出来。写到"关"字之时，萧显已经有些气力不济，运不动笔，最终在围观众人屏息凝神的等待中，他抬起脚朝笔管猛地一踢，才最终艰难的写完那一笔。只见五个大字高达 1.6 米，笔力遒劲，与山海关的气势相互映衬，显得愈加的大气磅礴。

老龙头

长城连海水连天

山海关老龙头是长城的入海口，也是万里长城唯一集山、海、关、城于一体的海路军事防御体系，是由明清两代陆陆续续修建而成。因石城形状如龙首探入大海，故名老龙头。

老龙头最著名的建筑是澄海楼。楼上有乾隆皇帝御笔亲题的一块匾额"元气混茫"和一副楹联"日光用华从太始，天容海色本澄清"。楼内两侧的墙壁上也镌刻着众多文人学士的题字。之所以帝王与文人们都有如此雅兴，与当时稳定的国内环境有关。清代长城内外归于一统，曾经的军事要塞老龙头也渐渐失去了军事防御的作用，又因其名中有一"龙"字，苍龙入海，寓意非凡，于是以真龙天子自居的清朝皇帝们自然对这里青睐有加。澄海楼有二景最为著名：一是"入海石城"，从楼上望去海天一色，海浪翻涌，气势非凡；二是"海亭风静"，即任凭海上巨浪滔天，楼中依然寂静不觉。清代皂保《澄海楼》诗中"长城连海水连天，人上飞楼百尺巅"所言不虚。

说起山海关，很多人还会想起明朝末年闯王李自成与吴三桂、多尔衮的山海关战役，会想起关于吴三桂"冲冠一怒为红颜"的传说……关于山海关的故事还有很多。如今的人们走进山海关的城楼内，仍让人恍如置身于古战场之中，这份历史的厚重感，是许多其他景点无法比拟的。

秦皇岛港，始皇寻仙之地

秦皇岛港地处渤海之滨，扼东北、华北之咽喉，是北方著名的天然良港。秦皇岛港拥有水域面积 226.9 平方千米，海岸线曲折，不淤不冻，港阔水深，风平浪静，万吨级的货轮可以自由出入，是北方重要的对外贸易口岸。

秦始皇寻仙的传说

秦皇岛是唯一以我国古代帝王的帝号命名的城市，同时秦皇岛港也与那位一心梦想长生不老的秦始皇有着千丝万缕的联系。明代的嘉靖《山海关志》记载："秦皇岛，城西南二十五里，又入海一里。或传秦始皇求仙驻跸于此。"

秦皇岛港

　　史书中对于这个时间的记载有些语焉不详，但民间关于秦始皇东巡的传说就详细得多了。

　　相传，在秦始皇三十二年（前215），45岁的秦始皇第四次东巡，行至海边一座小岛的时候，一个齐国人拦住了秦始皇的车队，说自己有能长生不老的方法。这正挠到了秦始皇心里的痒处，于是将他招到身边，仔细询问。那个齐国人说，在前边的海域里有三座仙山，分别叫作蓬莱、方丈和瀛洲，这三座仙山时隐时现，在仙山之上仙人们有长生不老的药方。秦始皇也是将信将疑，权衡之后派遣了卢生、韩终、侯公、石生等方

士携带着童男童女入海求仙。现在，位于秦皇岛海港区东南部，刻着"秦皇入海求仙处"字样的石碑，就是明成化年间（1465—1487）根据这个传说所立的。

能源运输的大港

虽然秦皇岛港作为天然渡口的历史可以追溯到秦汉时期，但是严格来说它真正开港的时间应从 1889 年算起。用了 100 多年的时间，秦皇岛港现在已经成为我国主要对外贸易综合性国际港口之一。

秦皇岛港是清代光绪皇帝御批的唯一自开的口岸。作为我国"北煤南运"的枢纽，秦皇岛港担负着南方"八省一市"的煤炭供应。以新开河为界，秦皇岛港被分为东西功能不同的两大港区，东港区以能源输出为主，西港区以进出口杂货为主。港口总设计年通过能力为 1.2 亿吨，是世界第一大能源输出港。

秦始皇在这里入海寻仙的故事究竟是否确有其事，现在已经无从考据，不过历史传说确实给这座港口和这个城市增添了独有的人文气息和神秘色彩。现在的秦皇岛港区正在打造集"高端旅游、商贸金融、商务会展、总部经济"等多功能于一体的国际一流滨海新区。走向世界的秦皇岛港与世界上 80 多个国家和地区建立了贸易往来，与日本的苫小牧港、澳大利亚的纽卡斯尔港、比利时的根特港结成了友好港口，并与日本电源开发株式会社建立了友好关系。我们相信秦皇岛港"国际一流"的目标在不远的将来肯定能够实现。

长芦盐场，海盐传奇

靠山吃山，靠海吃海。海盐，是大自然给海边人的一大馈赠。我国有四大盐场，其中长芦盐场的海盐产量最高，约占全国海盐总产量的 1/4。在明清两代，长芦盐场的贡盐是皇室唯一的御贡盐砖。2006 年，天津长芦汉沽盐场有限公司（注册商标：芦花）入选首批"中华老字号"。

长芦盐场

千年长芦盐

长芦盐场的历史最早可以追溯到西周时期，当时的渤海南北两岸已经是重要的海盐生产基地。到了春秋时期，渤海湾一带归属燕国管辖，素有"鱼盐枣栗之利"。人们评价当时的齐国和燕国时说："齐有渠展之盐，燕有辽东之煮"，这里的"渠展盐"和"辽东煮"就是说的煮海盐。可见对于这两个靠海的国家，海盐业是他们兴邦称霸的基础。西汉至新莽时期中央设立盐官的 37 个郡县中，今长芦盐场就占了其中 4 席，分别是泉州（今天津市武清区）、章武（今河北黄骅）、海阳（今河北滦县）、堂阳（今河北新河）。

隋唐时期，幽州地区（今北京市区及所辖通州区、房山区、大兴区，天津市武清区，河北易县、永清、安次等地）出现了盐屯。五代后唐庄宗同光三年（925），后唐庄宗任命赵德钧为幽州节度使，赵德钧看中了此地天然的产盐条件，设立盐场，这标志着唐朝后期因为战乱频仍而严重衰落的幽州盐业得以恢复。经过宋金时期的发展，到了元代，盐区已经发展的初具规模。

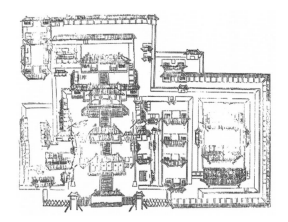

长芦都转运盐使司公署图

那么幽州地区的这个大盐区后来为何取名叫长芦盐场呢？按照一般规矩，我国的海盐产区基本上以产地命名。那么在天津、河北一带产出来的盐为何会冠以"长芦"的名号呢？蒙古窝阔台汗二年（1230），此地设立了河间税课达鲁花赤清沧盐使所，其后名称几经变化，到元泰定二年（1325），定名为大都河间等路都转运盐使司。明洪武二年（1369），设立了北平河间都转运盐使司，官署设在长芦镇，不久后改名河间长芦都转运盐使司。永乐年间（1403—1424），河间长芦都转运盐使司省去了"河间"二字，直称长芦都转运盐使司，统一管理天津、河北的盐务，于是长芦盐的名号正式登上了历史舞台。到了清代，虽然长芦转运中心搬至天津，但是依然沿用了长芦盐场旧称，可见长芦盐已经十分深入人心。

好盐本天成

长芦盐之所以深入人心，最主要的还是因为其本身优良的质量在百姓心中打下的口碑。

长芦盐以颗粒均匀、色泽洁白、量大质优而闻名。想要海盐有好的成色，地形和气候这两个要素缺一不可，而长芦盐场恰好全部具备。渤海湾有着漫长而平坦的泥质海滩，这里属于季风气候区，雨季短且集中，春季气温上升快，夏季高温，这些条件都有利于海水的蒸发。除了自然条件之外，这里世世代代的盐民积累下来的制盐经验也给长芦盐保质保量的生产提供了强力的保证。

去盐场参观的游客会看到一座座海盐堆起来的雪白的小山丘，就像是连绵的雪山。海盐的传奇故事在这里流传了千年，勤劳的盐民们还会把这段流传千年的故事继续讲下去。

长芦盐场的盐山

天津天后宫，津门守护神

　　妈祖信仰在我国沿海地区流传很广，海民们认为妈祖娘娘是他们出海的保护神，能够庇护他们一帆风顺。现在很多沿海城市中都有供奉妈祖娘娘的庙宇，一般被称作妈祖庙或者天后宫。天津天后宫位于南开区古文化街中段，历经多次重修，是天津市区最古老的建筑群，也是中国现存年代最早的妈祖庙之一。

天津天后宫

天津妈祖的由来

妈祖本来是东南沿海一带渔民们供奉的神灵，但漕运的兴盛加强了南北经济文化的交流，许多从南方来到天津的商贩开始在这里定居，他们不仅带来了南方的商货，也带来了他们所信奉的守护神——妈祖。

元代将航运业视为国之大计，但是大海变幻莫测，在当时的航运技术下，海难的出现难以避免。为了让漕船的船夫们得到天后娘娘的庇佑，元泰定三年（1326），皇帝下令在天津三岔河口码头附近修建天后宫。天后宫落成后，香火一直很旺盛，往来的船户以及生活在附近的百姓，都来祈福祷告保佑平安。元代诗人张翥是这么描写当时的场景的："晓日三岔口，连樯集万艘。普天均雨露，大海静波涛。入庙灵风肃，焚香瑞气高。使臣三奠毕，喜色满宫袍。"从诗中描写的遮天蔽日的船帆，络绎不绝的进香人流，足见当地人对于妈祖的信任与喜爱。妈祖这个外

天津天后宫牌坊（1910年）

来的神仙，后来也难免会"入乡随俗"。在天津，天后宫不仅是祈求涉海人员平安的场所，后来也慢慢演变成了求子的庙堂。老百姓愿意相信，护佑着海民的妈祖娘娘也能保佑他们接续香火，于是婚后无子的夫妇们会到天后宫拜祭，并且拴个泥娃娃带回家。如今，老天津人依旧有着去天后宫求子的习惯，这也是天津天后宫的一大特色。

"娘娘会"

在天津，妈祖俗称"老娘娘"，因此传统的天津妈祖祭奠最早也被称为"娘娘会"。"娘娘会"现在已经被列入了国家级非物质文化遗产。

对于当地人来说，天津的妈祖祭典可是一年一度的盛会。每一年的"娘娘会"开始于农历三月二十三，为期4天，以纪念天后的诞辰。相传乾隆皇帝下江南途中曾路过天

津，又正赶上会期，乾隆皇帝一看这"娘娘会"办得热火朝天，有声有色不禁心生喜爱，大加赞赏。因此，"娘娘会"又被称为"皇会"。"娘娘会"上传统的项目包括花会、蹬杆、舞狮、高跷、津门法鼓等等。另外，在每年的妈祖祭典举办之前，天后宫所在的古文化街上，各商铺都会很早开门，在门前摆上供桌，放上各色点心，等待妈祖出巡散福的华辇经过。祭典举办时，路旁的信众们有的往华辇上放鲜花、点心，有的在路边焚香跪拜，以求得到天后娘娘在新的一年中继续庇佑。

　　天津天后宫曾经给宫南宫北大街（今古文化街）带来了繁荣，沿河船户、周边信众纷纷到来，各地商贾云集，成就了天津最著名的商业街。如今天后宫所传承下来的历史文化遗产，更是它带给津门的一份无价的馈赠。

天津古文化街

大沽口炮台遗址博物馆，
"津门之屏"过往兴衰的见证者

在中国近代史上有两座重要的海防屏障，被人称作是"南有虎门，北有大沽"。大沽口作为拱卫京都的海上关口，被喻为"津门之屏"，其重要性不言而喻。最早的大沽口炮台可以追溯到明永乐年间（1403—1424），为了抵抗倭寇，明成祖朱棣正式在大沽口驻军设防。进入近代史，大沽口炮台承受了侵略者们一次又一次的轰击。大沽口炮台遗址博物馆被国务院确定为全国重点文物保护单位，也被天津市定为爱国主义教育基地。

炮台群的落成

清朝嘉庆二十一年（1816），为了加强大沽口海防，大沽口南北两岸各建了一座圆形炮台，这是大沽口最早的炮台。炮台高约5米，宽3米，进深2米，外部由青砖包裹，内由白灰灌浆，建造得坚固如山。后来经过数年的经营，大沽口修成了大炮台5座、土炮台12座、土垒13座，一套完整的军事防御体系已见雏形。1858年，钦差大臣僧格林沁镇守大沽口，对炮台进行了重新整修，又添5座炮台，分别以"威""镇""海""门""高"5个字来命名，寓意也非常明显，即炮台威风凛凛镇守在大海门户的高处。大沽口炮台就像伫立于阵前居高临下的威武将军，严阵以待，睥睨一切来犯之敌。建成之后没多久，大沽口炮台就遇到了侵略者们的挑战。

大沽口炮台

血战守国门

在 1858—1900 年，大沽口炮台的官兵们与外来侵略者们先后进行了 4 次搏杀，每一次都是血战到底，而大沽口保卫战的每一次失手都将清朝的命运一次次地拉向了覆灭的深渊。

1858 年第一次大沽口保卫战，英法联军的舰队在美、俄的协助之下进犯大沽口。这次战役虽然仅持续了两个小时而失败，但爱国官兵们浴血奋战和英勇无畏的精神，使得侵略军大为震惊。大沽口失陷后，清政府被迫与英、法、美、俄签订了《天津条约》。然而贪婪的侵略者们并没有因此满足，1859 年 6 月，英法侵略者们再次进犯大沽口并展开了炮轰。此前，咸丰皇帝下达了"勿遽开枪炮，以顾大局"的命令，所以当英法联军闯进白河后，主帅僧格林沁数次命令将士不要先开炮。但此时英法联军嚣张的炮火已经彻底点燃了守城将士们心中的愤怒，官兵们不顾禁令猛烈还击。"大小炮位，环轰叠击"，将帅齐心，无不以一当百。枪炮连环，声撼天地。炮声轰鸣了一个昼夜，英法联军受到重创，打破了英法军队不可战胜的神话。1860 年，不甘失败的英法联军卷土重来，这一次大沽口失守，大沽口炮台守军全部阵亡，侵略者们长驱直入，之后就上演了火烧圆明园的惨剧。第四次大沽口保卫战发生在 1900 年，大沽口炮台在八国联军的合力进攻之下，寡不敌众，所有将士全部殉国。经此一役，在战后签订的《辛丑条约》后，侵略者们强行拆毁了大沽口炮台，目前只有"威""镇""海"字炮台及"石头缝"炮台残留至今。

大沽口炮台遗址博物馆采用了预锈板幕墙技术，板墙自然生锈以后再被固定。游客们置身其中，能够切身体会到锈影斑驳的历史纵深感，仿佛能够穿越历史，同大沽口炮台一起，感受中国近代以来的百年沧桑。如今硝烟散尽，前事不忘，后事之师，铭记历史，珍惜和平，是大沽口炮台遗址博物馆传递的重要主题。

1860年8月21日，大沽口北炮台角被攻占后不久的内部情况

国家海洋博物馆，"海洋上的故宫"

　　国家海洋博物馆位于天津滨海新区，是我国目前唯一"国字号"海洋博物馆，总建筑面积8万平方米，于2014年开工建设，于2019年5月1日试运营。国家海洋博物馆从中国远古的海洋古生物遗迹开始，向世人展示了一幅源远流长、波澜壮阔的中国海洋文明画卷，是普及我国海洋文化的阵地。

国家海洋博物馆外观

场馆设计里的"黑科技"

国家海洋博物馆的整体造型非常灵动，由 4 栋跨陆连海的白色流线型大型建筑组成，整体看上去像是 4 条跳跃入海的飞鱼，也像停泊在岸边的船坞，动静结合的设计理念，给人一种别致的美感。这种异型、超高、大跨度、门式的钢架结构，总计用钢量 27 000 余吨。外部虽然看起来整齐划一，但内部结构上又各不相同，体现了高超的建筑水平。

国家海洋博物馆不仅建筑结构别致独特，"黑科技"幕墙还给场馆里披上了一层华丽的外衣。博物馆的幕墙由铝板幕墙系统和玻璃幕墙系统组成。铝板幕墙约占全部幕墙的 70%，

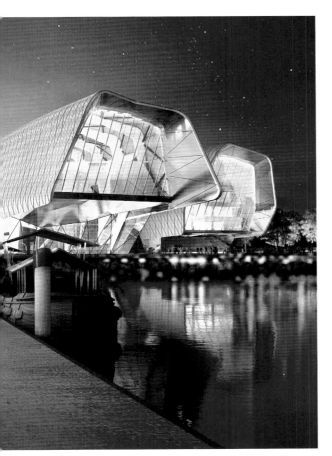

自内而外依次由压型彩钢底板、隔气膜、保温岩棉、防水透气膜、锁边板、铝板等多层材料组成。玻璃幕墙则是采用了优质胶条双道密封工艺。这些先进的材料和技术工艺，确保了幕墙具有很好的透气性、防水性和保温隔热性，而且既坚实耐久、轻便稳固，又具有良好的抗风抗震、防雷防火、保温节能效果。在高端、大气的同时，也兼顾了内涵。

探寻奇珍异宝

国家海洋博物馆分为海洋自然展区、中华海洋文明展区、海洋互动展区、宣教中心区、海洋生态展区、高端合作及临时展览区六大展区。2019 年 5 月 1 日，首批开放"远古海洋""今日海洋""发现之旅"和"龙的时代"4 个展厅。2019 年 6 月初，又开放"海洋与天文"展厅。此后，将会开放"欢乐海

洋"等展厅。博物馆采用"馆园结合"的方式，将博物馆的教育性、娱乐性和服务性相结合。博物馆中展示了许许多多的海洋宝藏，等待着参观者们去探索。

贝壳直径可达 1.8 米的砗磲，有着"贝壳之王"之称，是多姿多彩的海洋生物的代表。"塔希提"号木制帆船，在距今 4000 多年前完成了从中国东南沿海迁移至太平洋波利尼西亚的宏伟征程，至今依然让人觉得难以置信。《郑和航海图》是世界上现存最早的航海图集，见证了举世闻名的郑和七下西洋的壮举。这里还有 9.4 米长的鲸鲨标本、关岭生物群的海洋生物化石、见证古海洋地质变迁和生命演化的"活化石"龙宫翁戎螺、承载着"海上丝路"辉煌的宋元福船复原模型、中国"雪龙"号科考船第三十次南极科学考察中遇险脱困的影像资料……

国家海洋博物馆可以称得上是展示中华民族海洋文明的代表性博物馆，是诠释海洋人文的"海洋上的故宫"。

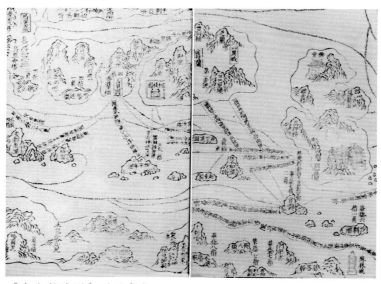

《郑和航海图》（局部）

黄河入海口，河与海的相遇

介绍山东省的时候人们都会提到"一山、一水、一圣人"。"一山"指的是"五岳之首"泰山，"一圣人"指的是孔夫子，"一水"说的是在这里汇入渤海的黄河。黄河入海口位于山东省东营市垦利区黄河口镇，东靠莱州湾。黄色的黄河、蓝色的大海、绿色的生态、黑色的石油和红色的革命老区，这些不同颜色的元素共同装扮起了黄河入海口，好像是一幅多姿多彩的图画。

黄河入海口

"能生长土地"的地方

作为中华民族的母亲河，黄河数千年来滋养着神州大地，但黄河同时也是世界上含泥沙量最大的河流。历史上的黄河以"三善"（善淤、善决、善徙）著称。黄河经过了数次改道，下游河道的变迁极为复杂，有如一把折扇的扇骨，东营市垦利区的黄河入海口是由 1855 年的那次黄河决口改道而形成的，再经过 1976 年人工改道后，这里成了一个稳定的新河道入海口。入海口处的土地宽阔平坦，黄河在这里平静地流入大海，河海交

泾渭分明的河水与海水

汇之处，黄色的河水和蓝色的大海泾渭分明，十分壮观。

由于黄河挟带泥沙量大的特点，垦利县也被人们戏称为"能生长土地"的地方。黄

河在东营市垦利区境内总长 120 千米，入海的时候，黄河卸下了身上的重担，将大量的泥沙留在了入海口。正常年份，伴随着滔滔黄河水滚滚而来的泥沙在这里堆积，每年能造陆 13 平方千米左右。不断"生长"的土地，让垦利区成为中国东部沿海地区土地后备资源最丰富的地区，这里的人均占有土地面积是山东省平均水平的 6 倍多。

多彩的旅游地

在黄河入海口附近有面积达 1530 平方千米的黄河三角洲国家级自然保护区和以槐林为主的国家级森林公园。绿色的生态给鸟类的繁衍和迁徙提供了优良的栖息环境，在保护区内的鸟类多达 368 种，仅丹顶鹤、东方白鹤、大天鹅等国家一、二类保护鸟类就有 63 种，森林公园中的天然柳林和旱柳林在国内也属罕见。

著名的胜利油田第一口高产油井就是在黄河入海口的垦利区胜利村开采成功的，胜利油田也因此得名。此外，垦利区还是著名的红色革命老区。在抗日战争时期，著名的"八大组"就是在黄河入海口附近的永安镇驻扎，老一辈革命家许世友、杨国夫都曾在这片土地上战斗过。他们在这里点燃了红色的希望之火，为抗战胜利做出了重要的贡献。

胜利油田

蓬莱阁与蓬莱水城，蜃楼与硝烟

蓬莱，自古以来就是仙境的代名词，在《山海经·海内北经》中就记载"蓬莱山在海中"。相传，蓬莱是海上的仙岛，景色优美，仙乐齐鸣，是古代帝王和文人骚客梦想中的可以让人长生不老的极乐之所。如今蓬莱是山东省烟台市代管的一个县级市，其中最著名的景点当属蓬莱阁与蓬莱水城。

奇幻楼阁

蓬莱阁始建于宋仁宗嘉祐六年（1061），坐落于丹崖山上。后来经过历朝历代多次大规模的修缮，蓬莱阁的规模也不断扩大。1982 年，蓬莱阁被列为全国第二批重点文物保护单位。

蓬莱阁楼高 15 米，坐北朝南，阁楼上四周环以明廊，以供游人登临远眺。高踞在丹崖山顶的蓬莱阁下方是悬崖峭壁，让人望而生畏。峭壁倒挂在碧波之上，在无际的水波中映出绝妙的倒影。站在明廊之上，置身于奇幻山水与朦胧雾气之间，回想当年秦始皇寻药访仙的

蓬莱阁

蓬莱阁匾额

求索，遥想八仙过海的盛况，吟咏文人骚客们在这里留下的辞章，让人心醉神迷。阁楼中间悬挂着一块金字匾额，上书三个大字"蓬莱阁"，字体苍劲，出自清代大书法家铁保之手。在蓬莱阁下，有一座结构精美、造型奇特的桥，名为"仙人桥"，相传因"八仙过海"的中的八仙而得名。

不得不说的是，在春夏之交游览蓬莱阁，有可能看到海市蜃楼的奇景。运气好的话，能够在海面上看到一幅幅如神笔勾勒的"水墨画"。这些"画卷"中显现的景物千姿百态，变化莫测，美不胜收。古人将其归因于一种叫作蜃的动物，认为它呼出的气能够变成楼阁城邦，所以称它蜃楼。蓬莱阁的海市蜃楼在北宋沈括的《梦溪笔谈》中就有详细记载。这种可望而不可即的"空中楼阁"，在古人的眼中无疑就是仙境，给蓬莱增添了独具魅力的神秘色彩。

水城风云

蓬莱水城与蓬莱阁不同，这里不是云雾缭绕的仙境，而是曾经硝烟弥漫的战场。蓬莱水城位于丹崖山东侧，南宽北窄，周长 2200 米，总面积 27 万平方米，总体分为海港建筑和防御性建筑两类，码头、灯楼、水师营地、炮台、护城河等古建筑至今依然颇具气势。

蓬莱水城的历史可以追溯到宋仁宗庆历二年（1042），朝廷在这里设置了刀鱼巡检，用来停泊战船，抵御来自北方契丹族的攻击，因此这里也被人们称为刀鱼寨。到了明洪武九年（1376），为了扫平倭寇的骚扰，明太祖朱元璋下令在刀鱼寨的基础上扩建水城，也

蓬莱水城

就是现在蓬莱水城的雏形，当时被称为"备倭城"。民族英雄戚继光曾经在这里训练水军，并且屡次击溃倭寇的侵袭，蓬莱水城因此威名远播。由于背山扼海，战略地位紧要，明清两代对这里不断修整，蓬莱水城逐渐形成现在的规模。

蓬莱阁与蓬莱水城一虚一实，一个缥缈似幻、一个刀光剑影，都是蓬莱留给我们的剪影。想要完整地领略蓬莱的风采，还得需要亲身的体验才行。

成山头日出

黄海篇

东港大鹿岛，"中国北方夏威夷"

　　大鹿岛位于鸭绿江入海口，岛屿面积 6.6 平方千米，属于东港市大孤山镇。岛上生态环境优异，气候宜人，植被繁茂，是旅游度假的胜地，有着"中国北方夏威夷"的美称。岛上常住人口约 3000 多人；游客最多时，上岛人数将近 6000 人，是岛民人数的 2 倍。除此之外，甲午海战就爆发在大鹿岛附近海域，因此大鹿岛也是国防教育的阵地。

大鹿岛鸟瞰图

绿色的小岛

大鹿岛是我国海岸线北端的第一大岛，和相距不远的獐岛一起，远远望去好像是海面上一大一小的两只鹿在互相追赶。所以面积较小的獐岛也被称作小鹿岛，而面积较大那个就是大鹿岛。关于大鹿岛名字的由来还有一个说法。传说有两位仙女下凡，分别变成一只鹿和一只獐子，欣赏辽东一带的秀美

风光。可是被一位猎人看到，奋力追捕它们，从凤凰山一直追到大孤山巅。猎人看再往前追便是黄海了，于是张弓搭箭欲置其于死地。在这万分紧急的关头，鹿和獐子用尽最后的气力，纵身一跃跳进了大海。顷刻间，山呼海啸，海面上显现出两座岛屿，就是如今的大鹿岛和獐岛。

大鹿岛植被茂密，森林覆盖率高达 87% 以上，是一个名副其实的绿色小岛。岛上有木麻黄、银杏、黑松等将近 350 种植物，良好的原始森林也给诸如斑鸠、黄莺、雀鹰等 10 多种鸟类提供了栖居的家园。大鹿岛周围有独立的坨子和板礁，地势上整体东高西低，南凹北凸。其中，凹进去的部分是一条长约 3000 米的滨海沙滩——月亮湾。月亮湾的沙滩细腻，是全国少有的优质浴场。夜色降临，岸上的灯火与海水中的倒影以及星空交相辉映，令人心驰神往。

大鹿岛与国防教育

由于地理位置扼要，大鹿岛历来是辽东半岛的海上要塞，著名的甲午海战就爆发在大鹿岛南面海域，民族英雄邓世昌的"致

邓世昌雕像

远"号以及其他 3 艘战舰就沉没在大鹿岛附近的海底。2014 年，考古人员在大鹿岛海域发现一艘沉船，初步确认为中日甲午海战沉没战舰，并将其暂时命名为"丹东一号"。2015 年11 月 4 日，国家文物局水下文化遗产保护中心和辽宁省文物考古研究所在北京召开"丹东一号"水下考古调查项目专家论证会。会上最终确认"丹东一号"就是"致远"号巡洋舰。

这里还矗立着一座始建于 1923 年的英国航海灯塔，象征着中英曾经签订过不平等条约，以提醒现在的人们勿忘国耻。

大鹿岛当地政府一直高度重视国防教育，充分利用现有的国防教育资源，开展了丰富多彩的国防教育活动。例如，每年清明节都会组织青少年学生到岛上的邓世昌墓和甲午海战无名将士墓举行祭扫仪式，并进行宣誓。除了一年一度的祭扫仪式，大鹿岛还先后组织了"甲午英烈"祭海、"甲午海战百年祭"等形式多样的爱国主义国防教育活动，大鹿岛爱国主义教育的影响力也在一步一步地扩大。

刘公岛，碧海忠魂

刘公岛位于山东半岛东端，面临黄海，背靠威海湾，是威海的标志性景点，也是山东省最著名的一个岛屿，是国家AAAAA级旅游景区、国家森林公园、国家级风景名胜区、国家重点文物保护单位、全国红色旅游经典景区、全国爱国主义教育示范基地、海峡两岸交流基地。刘公岛历史悠久，文化底蕴深厚，自然风光优美，森林覆盖率高达87%，是一个天然的氧吧。而让刘公岛最为人熟知的是100多年前中日甲午海战在这里留下的印记，是长眠于此的可歌可泣的碧海忠魂。

刘公岛鸟瞰图

刘公其人

刘公岛历史悠久。根据历史记载，这里元代名叫刘岛或者刘家岛，大约在明代的时候定名为刘公岛。那这个岛名中的刘公指的是谁呢？这个故事需要从东汉末年说起。

相传，这里的刘公是汉少帝之子，名叫刘民，为了躲避追杀逃到了威海。一次刘公出海打鱼时救下了一位落水的女孩，二人渐渐产生情愫并结为夫妻。在刘公的母亲病逝后，二人辗转来到了现在的刘公岛，垦荒种地，救助过往遇险的渔民。每到海上乌云蔽日，风急浪险的时候，人们都会看到岸上有两个人影手持火把为渔民们引航，就这样二人不知道救了多少遇险的渔民。这种救人患难的侠士精神令人钦佩，人们把二人尊为"刘公"和"刘母"。后来人们为了纪念他们修建了刘公庙，把他们当作庇护平安的海神来崇拜了，二人生活的岛屿也就因此被叫作"刘公岛"。

碧海忠魂

提起刘公岛，相信很多人脑海中浮现出的第一个画面就是那个著名的雕像，一位威风凛凛的将军，一身戎装，伫立岸边，手持单筒望远镜望向大海。这位将军就是清末著名海军将领、民族英雄邓世昌，是在甲午海战中抗击日军的北洋水师将士们的杰出代表。甲午海战以1894 年丰岛海战的爆发为开端，经历了黄海海战、威海卫之战等战役，中方战败，北洋水师全军覆没，清政府被迫与日本签订了《马关条约》，随后西方列强掀起了瓜分中国的狂潮。在这片如今看起来风平浪静的海面上，北洋官兵们曾经与日本侵略者们浴血奋战，怒海争锋，誓死卫国，壮烈牺牲。海浪之下是曾经战士们铁骨铮铮的英雄气魄，海岛之上是流传至今的英雄传说。

作为中日甲午战争的最后主战场，甲午战争纪念地被列为全国重点文物保护单位，是国家国防教育示范基地、全国爱国主义教育示范基地。人们在这里亲身感受历史、铭记历史。

2015 年 9 月 7 日上午，国内首个钓鱼岛主权馆在刘公岛上开馆。馆内展示了许多阐明中国对钓鱼岛拥有无可争辩的主权的历史资料和文物、实物图片及画册。把维护国家的海洋权益的主题放到刘公岛上是再合适不过了。不能忘却历史，也不能忘却这座岛屿上的英雄赞歌。

中国甲午战争博物馆

北洋水师提督署（海军公所）

成山头，"太阳启升的地方"

　　成山头位于山东省威海市荣成市成山镇，是我国海陆交界处的最东端，所以这里也是国内陆地上最早看到海上日出的地方，自古以来就有"太阳启升的地方"和"天尽头"的美称。成山头景区自然风光和人文景观资源并举，是国务院批准的国家级风景名胜区。

成山头

一个 2000 多年的石碑

1986 年在成山头出土了一个小篆碑刻，经过专家鉴定，此碑为李斯的手书。那么问题就来了，李斯的手书为什么会出现在成山头，而石碑又为什么会被埋没呢？

李斯的手书出现的原因和秦始皇东巡有关。根据史书记载，秦始皇在秦始皇二十八年（前 219）和三十七年（前 210）先后两次东巡都来到了成山头。第二次是由丞相李斯陪同的。当秦始皇站立在成山头的崖边，望着苍茫的大海时不禁感叹："天尽头矣！"作为一个帝王，秦始皇完整地征服了他所知道的天下。李斯当即提笔写下了篆体大字"天尽头"。后来又将"天尽头"碑立于成山头三山南峰。那么为什么这座碑刻会被埋没呢？据说，石碑被埋没恰恰是因为它太出名了。李斯是小篆的创始人，李斯的墨迹自然也就被历代文人们所仰慕。听闻成山头有李斯真迹，文人们从五湖四海纷纷前来临帖。

"天尽头"石刻

当地百姓最终不堪其扰，把石碑砸断埋藏了起来，从此石碑下落不明。直到 2000 多年后，才重见天日。如今在成山头海边所立的石刻为原碑的复制品，供游客们观赏。

多彩成山头

成山头景区内的始皇庙中的是始皇殿、秦始皇雕像、秦勇士雕像等等，无不向世人们展示着秦始皇东巡的历史。游客们漫步其中，仿佛走进了当年秦始皇东巡的队伍之中，恍如隔世。另外在始皇庙中，还有清光绪帝诏彰邓世昌将军的御碑。甲午海战中的黄海

始皇庙

海战就发生在距离成山头以东 10 千米的海面上，所以当年御赐的石碑就保存在了成山头的始皇庙。

除了人文景观之外，成山头由于自然条件优越，2002 年被山东省人民政府批准建立成山头省级海洋生态自然保护区。保护区内有着世界最大的大天鹅越冬栖息地天鹅湖、"鸥鹭王国"海驴岛、中国北方最大的渔港石岛港、龙眼港等诸多景观，也使得成山头在人文厚重之余也兼具了自然的灵动与清新。

崂山，"海上名山第一"

崂山

崂山位于山东省青岛市崂山区，古时也被称为牢山、劳山、鳌山等。崂山山脉耸立在黄海之滨，是山东半岛的主要山脉。其最高峰巨峰也被称为崂顶，海拔 1 132.7 米，是中国海岸线第一高峰。《齐记》云："太（泰）山自言高，不如东海劳（崂）。"崂山不仅有雄山险峡，水秀云奇，泉石秀润，山海相连的自然美景，还是一个历史悠久的道教文化名山，被称为"海上名山第一"。

观山海

崂山风景区是首批国家级风景名胜区、国家森林公园、全国文明风景旅游区、国家AAAAA级旅游景区。崂山风景区规划面积446平方千米，有景点220多处，分布在太清、华严、仰口、九水、巨峰、流清、华楼七大核心游览区。景区精心设计了5条经典游览线："太清——寻真悟道，文化之旅""华严——礼佛祈福，如愿之旅""仰口——太平拜寿，长生之旅""九水——乐山乐水，清心之旅""巨峰——山盟海誓，望远之旅"。

太清线是一条道教文化旅游线路。太清宫又称下清宫，是崂山最大、历史最悠久的道观，也被誉为"道教全真天下第二丛林"。在太清宫一线游览之时，如果运气好还会看到海市蜃楼的奇景。华严线的主要景点是建于明代的崂山华严寺。它是崂山现存唯一佛寺，被称为崂

巨峰夕照

山古代建筑之最。华严寺依山傍海，风景秀丽。在仰口线，游客们可以领略崂山的山海奇观，游览太平宫、狮子峰、"绵羊石"、"天下第一寿"、觅天洞等景点。九水得名于崂山白沙河上游九折盘旋的山势造就的九曲流水。河流的两岸群峰竞秀，万木争荣，耳畔还有潺潺的水声，行走其间像是走在一幅风景画中，一步一景。九水线内还有18眼潭水，被称为"九水十八潭"，一潭一名，如有灵性。在巨峰线，游客们可以去攀登崂山山脉的主峰——巨峰。巨峰好似一把古朴的巨剑立在海边。巨峰线是三条线路中最为险峻的，不过登上崂顶以后，山、云、海的景色尽收眼底。正如李白在诗中写的"我昔东海上，劳山餐紫霞"，站在崂顶，如同置身云端，恍若仙境。

"山不在高"

"愿随夫子天坛上，闲与仙人扫落花。"云雾缭绕的崂山总让人感觉仙气十足。作为一个历史悠久的道家文化名山，据说在鼎盛时期崂山曾有"九宫八观七十二庵"的盛况。关于崂山的神仙传说更是数不胜数，其中最为大家所熟知的当属蒲松龄在《聊斋志异》中写的那篇《劳山道士》了。

相传有一个叫王七的读书人，特别崇拜崂山上的仙人，那个仙人被人称为崂山道士。王七千里迢迢登上崂山，想要拜师学艺，崂山道士被他的诚意打动，决定收他为徒。拜师之后，崂山道士只给了王七一把斧头，让他每天去山上砍柴，并不教他仙术。王七娇生惯养，也干不了粗活，于是两个月后，王七放弃，跟劳山道士说自己要下山。下山之前，王七苦苦哀求能学到一些法术，崂山道士便教了他穿墙术。王七学会以后，回家跟妻子炫耀起来。后来，他又想用穿墙术来偷窃，结果一头撞到墙上，顶了满头大包。心术不正，想要不劳而获，终究会一无所得，处处碰壁，这正是这个脍炙人口的故事所传达的哲理。

中国水准原点与零点，高度从这里开始

海拔是从平均海平面起算的垂直高度。众所周知珠穆朗玛峰岩面海拔高8 844.43 米，是世界上最高的山峰。那么海拔 0 米的地方在哪里呢？海拔 0米的地方在青岛。我国以青岛港观潮站的长期观测资料推算出的黄海平均海面作为中国的水准基面，即零高程面，所谓的海拔高度就是从这里算起的。

中国高程测量的"格林威治"

在观象山顶上的一口旱井内，装有一颗拳头大小的球形黄玛瑙，在黄玛瑙上有一个红色的小点，上边标注有"此处海拔高度 72.260 米"这样一行字，这就是中国独一无二的中国水准原点，也是通过青岛验潮站每年用精密水准仪科学测定的中国的海拔起点，全国各地的海拔高度皆由此点起算。由于水准原点在中国的唯一性，在某种意义上，它可以被称为中国高程测量的"格林威治"。另外，在青岛市区内还建有 2 个附点和 3 个参考点，组成了一个多边形原点网。

中国水准原点是 1956 年由中国人民解放军总参测绘局建成的。建筑主体是一座小石屋。石屋由崂山红花岗岩堆砌而成，开门朝南，平面呈正方形，立面中轴对称。小石屋的屋顶呈攒尖式五方塔的格局，5 个塔尖代表着东、西、南、北、中 5 个方向。建筑外围是花岗岩护栏，护栏上刻着传统的吉祥纹饰。建筑体积小巧，却有着重要的价值，称得上是古典艺术与现代科学统一的典范。

水准原点小石屋

唯一的水准零点

2006年5月，为了更好地利用水准原点这一独特的资源，经国家测绘局批准，由专家精确移植水准原点信息数据，在青岛银海大世界内建起了"中华人民共和国水准零点"，这就是国内唯一的水准零点，并以此为中心建立了中国水准零点景区，让"0海拔"的概念以更平易近人的方式走到了人们身边。

水准零点景区最主要的景点是水准零点雕塑。雕塑顶部是一个测量仪铜塑，下面是一个四角底座托起铜塑，在底座上写着"中华人民共和国水准零点"几个金色大字。顶部铜塑下边有一个铅锤，铅锤垂直落到底座下的井中，铅锤的尖顶指向的地方就是我国的水准零点，也就是海拔为零的地方。人们在雕塑旁纷纷合影，纪念"高度从这里开始"的体验。

中华人民共和国水准零点

胶州湾隧道，海底下的匠心

青岛胶州湾隧道全长 7800 米，分为陆地和海底两部分。其中，海底部分长 3950 米，是世界第三长的海底隧道。隧道南连青西新区薛家岛，北接团岛，下穿胶州湾湾口海域，于 2007 年开始建设，2011 年 6 月正式竣工通车。胶州湾隧道的建成克服了重重难关，体现了高超的科技水准，对沟通胶州湾两岸起到了巨大的推动作用。

胶州湾隧道效果图

胶州湾隧道

挑战"不可能"

胶州湾隧道的施工难度是非常巨大的。规划隧道线路正处于火山岩及次火山群地带，覆盖层较薄，断裂带密集，共穿越18条断层破碎带，断面最大跨度达28.20米，最深处位于海平面以下82.81米。要在这里建造世界上断面最大、埋深最浅的海底隧道，在当时，这几乎是一个"不可能完成的任务"。

逢山开路，遇水架桥。战胜困难，挑战不可能，这正是大国工匠们应有的精气神，在隧道建设过程中一系列突破性的发明和新技术的运用，终于让这个"天堑"变成了通途。

各式各样的"全国首次"

作为一项世界级工程，青岛胶州湾隧道在建设过程中采用了一系列国内领先的新技术和新工艺，拥有众多的"全国首次"，充满了建设者们的智慧和匠心。

隧道首次采用了 C35 高性能喷射混凝土和 C50 耐久性模筑混凝土。前者使建设过程中水泥的用量明显减少，环境效益显著，有效地减少了碳排放量；后者则是增加了隧道的整体强度，使得隧道的使用寿命可达 100 年。为了保障使用寿命，隧道建设过程中突破性地采用了多重防腐锚杆，并且首次建立起了全方位的耐久系统，将健康理念引入海底隧道工程建设中，将施工、运营、维护结合起来，建立相应数值分析模型，进行工程全寿命预测，保证了海底隧道的 100 年使用寿命。同时，也首次运用新型防排水技术、工艺和材料，建成可维护的防排水系统，提高了隧道防排水系统的性能和后期维护的便利性。

在施工过程中，还实现了国内最先进的大型机械化配套作业下的安全、快速施工，并且首次将沥青混凝土的温拌技术和阻燃技术结合在一起，应用到隧道沥青混凝土路面施工中。这样不仅节省了燃油的消耗，还减少了施工过程中有毒气体的排放。此外，为了应对多变的水文地质情况和复杂的胶州湾海域地质结构，建筑师们始终把注浆堵水作为海底隧道施工的关键环节，最终克服了一个又一个的难关。

在第十二届中国土木工程詹天佑奖（简称詹天佑奖）颁奖大会上，胶州湾隧道工程荣获詹天佑奖。詹天佑奖是为了表彰和奖励科技创新与新技术应用而设立的奖项，胶州湾隧道获奖可以说是实至名归。这是国内迄今为止唯一获此奖项的海底隧道工程。这是对隧道建设中那些设计的创新性和高超科技含量的肯定；同时也是对建造者们的那颗勇于接受挑战的匠心的肯定，相信他们还会创造出新的荣耀。

胶州湾跨海大桥

胶州湾跨海大桥，"全球最棒桥梁"

　　胶州湾跨海大桥，又称青岛海湾大桥。大桥东起青岛主城区海尔路，经红岛到黄岛，全长 36.48 千米，投资额近 100 亿元，这在当时创下了世界之最。大桥于 2006 年 12 月 26 日开始建设，历时 4 年完工，于 2011 年 6 月 30 日全线通车，是我国自行设计、施工、建造的特大跨海大桥。2011 年 9 月，被美国《福布斯》杂志评为"全球最棒桥梁"。

"天堑变通途"

青岛东西海岸之间被宽阔的胶州湾天然隔断,以往的水路交通受天气影响较大,常常因大风大雾的天气停摆,货物将不得不通过环胶州湾高速公路进行运输,这就拉长了运输距离,给两岸的货运和客运都带来了极大的不便。胶州湾跨海大桥的修建让"天堑变通途"。

胶州湾跨海大桥工程包括 3 座可以通航的航道桥和 2 座互通的立交桥,以及路上引桥、黄岛侧接线工程和红岛连接线。其中,海上段长度约为 25 千米。大桥设计为双向六车道高速公路兼城市快速路八车道。全线通车后,青岛至黄岛的路程缩短近 30 千米,比走环胶州湾高速节省 20 分钟,一举打破了曾经"青黄不接"的尴尬局面。

目前仍在建设中的胶州连接线,为胶州湾跨海大桥的配套工程,是青岛胶东国际机场一条重要的连接通道。该工程起点位于胶州市国家级开发区生态大道,终于胶州湾跨海大桥大沽河航道桥西侧,连接线全长 2827 米,胶州互通匝道全长 2922 米,总投资 9.18 亿元,预计 2019 年底完工。

"遇水搭桥"解难题

胶州湾跨海大桥的建造过程中遇到了很多困难,首先就是海冰的困扰。由于胶州湾在冬季有结冰的可能,而结冰期内海面上产生的浮冰和固定冰都会对桥墩产生不同程度的影响,因此让桥墩能够应对海冰的冲击是设计人员要解决的第一个难题。第二个难题是胶州湾宽阔的滩涂无法承受重型机械施工,也就严重拖慢了工程进度。为解决这一难题,施工过程中采用了"贝雷梁施工法",即在修筑大桥之前先架起一座由贝雷梁组成的临时栈桥,专用于重型机械通行,从而保障了施工进度。

抵御海水的腐蚀破坏是保证跨海工程寿命的关键所在。在这方面,胶州湾跨海大桥的建设者们采用了三管齐下的办法,不仅采用了海工高性能混凝土,还采用了主桥外加电流阴极保护、混凝土表面涂装防护的组合型防护方式。在钢结构防腐蚀方面,也采用"金属表面热喷涂 + 重防腐蚀组合体系",全方位保证大桥有一个"金刚不坏"的好身板。

建设中的胶州湾跨海大桥胶州连接线

　　2013 年 6 月 4 日，在美国"桥城"匹兹堡，第 30 届国际桥梁大会（IBC）向山东高速胶州湾大桥颁发乔治·理查德森奖。国际桥梁大会每年举办一次，桥梁技术奖共设有 7 项，乔治·理查德森奖是设立最早、影响最大的奖项，被誉为桥梁界的诺贝尔奖，每年在世界范围内评选一项在设计、建造、科研等领域取得杰出成就的桥梁工程，这是迄今为止中国桥梁工程获得的最高国际奖项。

青岛奥帆中心

青岛奥帆中心，
起航青岛扬帆世界

　　青岛奥帆中心是 2008 年北京奥运会帆船比赛和第二十九届残奥会帆船比赛的举办场地，是 2018 年上海合作组织青岛峰会主会场——青岛国际会议中心所在地，也是国家滨海旅游休闲示范区。青岛被誉为"帆船之都"，奥帆中心也就当仁不让地成为最能体现青岛城市特色和展示城市形象的地标性建筑之一。

有"归宿"的场馆

　　奥帆中心位于浮山湾畔，这里原先是北海船厂，后来为了迎接奥运会帆船赛，船厂整体搬迁到了黄岛区海西湾。奥帆中心占地面积约为 45 公顷，其中场馆区占地 30 公顷，赛后开发区占地 15 公顷。奥运场馆的建设过程中，一直紧紧围绕着"绿色奥运、科技奥运、人文奥运"的理念，场馆硬件设施得到

了国内外的一致好评。海水源热泵空调、太阳能屋顶、风能路灯的设计，体现出环保节能的"绿色奥运"主题，被国际业内人士誉为"亚洲最好的奥运场馆"。同时，根据"可持续发展、赛后充分利用和留下奥运文化遗产"的原则，奥帆中心的场馆在"出世"之前就找到了"归宿"。

悉尼、雅典部分奥运场馆赛后被人废弃，少数场馆被拆除卖废旧建筑材料，这给人敲响了警钟。奥运会场馆不能是一次性建筑，场馆不能随着奥运会一起谢幕。青岛奥帆中心总投资 32.8 亿元，于 2006 年 6 月 30 日全部完工。在场馆完工之前，关于赛后场馆开发项目的招商引资工作就已经全部展开，计划让青岛奥帆中心在奥运比赛之后成为一个集水上运动、健身娱乐、休闲旅游为一体的市民公共空间。如今的奥帆中心，可以说是完美地达到预期。

魅力奥帆

上海合作组织青岛峰会于 2018 年 6 月 9 日至 10 日在青岛举行，其主会场青岛国际会议中心就坐落在奥帆中心，并成为奥帆中心的标志性建筑。它面向奥帆中心内港湾，背靠燕儿岛山，依山面海，视野开阔，营造山、海、城、港、堤相融合的城市空间新格局。建筑外观如一只展翅翱翔的海鸥，寓意"腾飞逐

青岛国际会议中心

梦，扬帆领航"。总建筑面积 54 302 平方米，拥有 20 余间风格迥异的会议厅及多功能宴会设施。在圆满完成上合峰会接待任务后，青岛国际会议中心又顺利完成"2018 中国·意大利中小企业合作对接会""第二届海外院士青岛行暨青岛国际院士论坛""澳门航空青岛航线开通仪式""欧盟投资贸易科技合作洽谈会"等各类政、商务会议及宴会活动的接待任务。青岛国际会议中心正逐渐成为青岛旅游业转型发展、提升城市国际化、打造高端国际会议目的地的重要突破口。

奥帆中心的主防波堤有一个浪漫的名字——情人坝，漫步于此可以欣赏海天一色，看蓝天白塔交相辉映，听海风阵阵、海浪连连。奥帆博物馆是中国三大奥运博物馆之一，分为"奥运的长廊，帆船的世界，颁奖的舞台"三大主题，让人再次感受奥运会曾经带给这座城市的激情和感动。除此之外，奥运火炬大坝和万国旗阵广场也是游客们合影留念的绝佳场所。魅力十足的奥帆中心给游客们留下了无限美好的回忆。

奥帆博物馆

中国海洋大学，"谋海济国功"

　　齐鲁大地上流传着"海岱文枢"的说法，意思是在这山海之间是文化的中心。如今，在山东有两所知名大学分别以"山""海"二字命名。其中，继承了"海"字的就是中国海洋大学。作为教育部直属的"国字号"海洋专业学府，中国海洋大学海洋和水产学科特色显著、学科门类齐全。2017 年 9 月，入选国家"世界一流大学"建设高校（A 类）。从这里毕业的"海之子"们活跃在国家海洋事业的各行各业，美丽的海大是"海之子"心中永远的港湾。

屡次更名的学校

　　中国海洋大学的发展经历了几个不同的阶段。1924 年，曾任北洋政府教育总长、交通部部长的直系将领高恩洪倡导创建私立青岛大学，学校校址选在德占青岛时期修建的俾斯麦兵营。直到现在，兵营的主体建筑依然在海大的鱼山校区里被当作教学楼使用。1929 年，

中国海洋大学鱼山校区

国立青岛大学开始筹办，于 1930 年正式成立。国立青岛大学于 1932 年正式更名为国立山东大学。1950 年，教育部批准华东大学迁往青岛与国立山东大学合并，成立山东大学。1958 年，山东大学主体迁往济南，海洋系、水产系、地质系、生物系的海洋生物专业、物理系和化学系的部分教研组等依然留在青岛，并在已有学科的基础上整合了厦门大学、复旦大学等国内其他高校的海洋科研力量，成立山东海洋学院。从这一时期开始，山东海洋学院开始走向了独立发展的道路。1988 年，山东海洋学院更名为青岛海洋大学。2002 年 10 月，经教育部批准，正式更名为中国海洋大学。

师资与校训

中国海洋大学有崂山校区、鱼山校区和浮山校区 3 个校区，并正在建设海洋科技创新园区（西海岸校区），设有 19 个学院和 1 个基础教学中心。学校师资力量雄厚，截至 2018 年 12 月，学校有博士生导师 474 人、正高级专业技术人员 566 人、副高级专业技术人员 721 人、中国科学院院士 5 人、中国工程院院士 8 人（含双聘院士 5 人）。著名作家王蒙担任学校顾问、文学与新闻传播学院名誉院长，原国家海洋局局长王曙光受聘学校顾问、海洋发展研究院名誉院长，国际著名物理学家钱致榕受聘学校顾问、特聘讲席教授、行远书院院长，诺贝尔文学奖获得者莫言等 12 位知名作家受聘为学校"驻校作家"。

值得一提的是，中国海洋大学目前拥有教学和科学考察船舶 4 艘：3500 吨级的"东

中国海洋大学崂山校区

"东方红2"号海洋综合科学考察实习船

方红2"号海洋综合科学考察实习船、300吨级的"天使1"号科考交通补给船、2600吨级的"海大"号海洋地质地球物理调查船、5000吨级新型深远海综合科考实习船"东方红3"号。这些科考船使得中国海洋大学具备了一流的海上现场观测能力，是令每一个海大人感到骄傲的家底。

在王蒙先生的建议下，中国海洋大学的校训确立为"海纳百川，取则行远"。"海纳百川"语出《庄子·秋水》，意指海大人应虚怀若谷，海大校园应百花齐放，能容纳各种学术思想、各路群英。"取则""行远"分别出自《文赋·序》与《中庸》。取则行远，意

指海大人既能够遵循科学规律，又能够眼界高远且脚踏实地地朝着既定的目标奋进。正如中国海洋大学的老校长、我国海浪学科的开拓者文圣常院士所说："海大有容，纳贤礼士，百舸扬帆，川流不息；取经求法，则明理析，行云流水，远无不及。"这是每一个海大学子们谨记在心的准则。

美丽的德式建筑和樱花海一直是海大靓丽的名片，是海大人心中珍藏的剪影。每一个海大人都像是一滴水，汇入海大，又流向远方，在实现海洋强国的道路上砥砺前行，为了热爱，更是为了梦想。

中国科学院海洋研究所，
海洋科学的前沿阵地

中国科学院海洋研究所位于山东省青岛市，是新中国第一个专门从事海洋科学研究的国立机构，也是我国海洋科学的发源地。它是海洋科学的前沿阵地，那里的科研人员为了国家的海洋事业默默地奋斗和付出着。

研究所的诞生

1949 年 6 月，当时担任山东大学教授的童第周与曾呈奎二人去北平（今北京）参加自然科学工作者代表会议筹备会。在会上，正在筹备建立中国科学院的竺可桢专门找到了他们

童第周　　　　曾成奎

科的海洋生物研究室，等到条件成熟了再成立综合性海洋研究所。根据这一建设思路，1950 年 8 月 1 日，经过多方筹备，中国第一个海洋研究机构——中国科学院水生生物研究所青岛海洋生物研究室正式成立。1954 年 1 月 1 日，该研究室更名为中国科学院海洋生物研究室。1957 年 1 月 1 日，中国科学院海洋生物研究室扩建为中国科学院海洋生物研究所。在 1958 年全国海洋普查开展之后，为了促进海洋科学的研究事业，1959 年 1 月，正式成立综合性多学科的中国科学院海洋研究所，由童第周担任所长。这是当时中国规模最大、综合实力最强的海洋研究机构之一。

俩，共同商讨建立海洋研究机构的想法。这次谈话就是中国科学院海洋研究所成立的起点。

1950 年 3 月，中国科学院确定海洋研究所的建立要分两步走。第一步是成立单学

成果与师资

经过半个多世纪的洗礼，在几代科学家的不懈努力下，中国科学院海洋研究所在创新发展中成长壮大，在我国海洋科学主要领域的开拓和发展、维护国家海洋权益、海洋资源开发利用、海洋经济的可持续发展、海洋灾害防治、海洋生态与环境防护和社会经济进步等方面做出了重要贡献。尤其是在为国民经济服务方面，开展了海洋经济动植物的生物学和人工养殖原理研究，先后进行了海带、紫菜、中国对虾、贻贝、海湾扇贝等

人工养殖原理和方法的研究，做出了许多开创性和奠基性的工作。

成果的取得与研究所内完备的师资是密不可分的。截至 2018 年 8 月，研究所现有在职职工 700 余人。其中，专业技术人员近 600 人，中国科学院院士 3 人，中国工程院院士 1 人，博士生导师 102 人。研究所内有一座国内规模最大也是功能最为齐备的海洋生物培育楼，可以模拟多种海洋环境进行研究工作。研究所的海洋生物标本馆收藏了自

1889 年至今的各类海洋生物标本 80 余万号，其中含模式标本有 1600 余种 1900 余号，是目前我国规模最大、亚洲馆藏量最丰富的大型多功能现代化标本馆。研究所还拥有以我国目前最先进的海洋科学综合考察船"科学"号为代表的科考船队，承担了一系列重要的海洋科学考察航次任务，获取了一大批具有重要影响力的成果，在深海探测技术及科学研究上取得了重要突破。

中国科学院海洋研究所标本馆

青岛蓝谷，展翅欲飞的蓝色硅谷

21世纪是海洋的世纪，中国想要在激烈的国际竞争中占得先机，海洋科技和海洋人才是不可或缺的。伴随着中国经济进入新常态，海洋经济正逐步成为经济发展的重要增长极。众所周知，硅谷是美国著名的科技高地和人才高地，而青岛蓝谷作为国内的海洋经济新增长点，已经蓄势待发。

走进蓝谷

青岛蓝谷位于崂山北麓、黄海之滨、鳌山湾畔，依山面海，环境优美，气候宜人。蓝谷内山、谷、湾、海、岛自然交替，拥有国内仅有、分布面积达7.2平方千米的海水溴盐温泉，森林覆盖率达56%，生态优势明显。

在致力于经略海洋的当今世界，青岛蓝谷的发展注定不平凡。除了先天的自然优势，蓝谷的后天建设也称得上十分给力。蓝谷的目标是建设"青岛骄傲、中国推崇、世界知名"的海洋科技新城。2012年蓝谷工程正式启动，并在2014年上升为国家战略，后列入国家

青岛蓝谷

"十三五"规划纲要。蓝谷旨在建设"五个中心",即国际一流的海洋科技研发中心、海洋成果孵化和交易中心、海洋新兴产业培育中心、蓝色教育文化和人才集聚中心及蓝色旅游和健康养生中心,从而筑起中国走向深海的桥头堡,搭建链接全球海洋科研资源的创新平台。

蓝谷累计引进重大科研平台、高端创新项目210余个,引进包括两院院士、国家千人计划在内的涉海涉蓝高端人才3.9万名。蓝谷还重视加强国际间的合作。目前,蓝谷正在与美国、英国、澳大利亚、俄罗斯、爱尔兰等10余个国家的科研机构广泛开展交流合作,形成了强大的国际海洋"朋友圈"。

蓝谷明星

蓝谷重点项目众多,其中不乏国家级乃至世界级的重点工程。比如已经在2015年投入使用的国家深海基地,作为"蛟龙"号深海载人潜

水器和"科学"号海洋考察船的母港，已引进科研人员 300 多人，成为全国唯一、世界第五个深海科研基地（前 4 个基地分别位于美国、俄罗斯、法国、日本）。

除此之外，已建成和正在筹建的重点项目包括：填补海洋医药应用壳聚糖纤维材料国内空白的即发海洋生物蓝色硅谷研发中心，建设中的矿物宝石收藏品类最全、亚洲最大、世界一流的矿物宝石博物馆——中国（国际）矿晶科技博物馆，国家级的无机非金属研发中心——润健泽山科产业园，国内唯一的综合性海洋设备质检中心——国家海洋设备质检中心，国内唯一、世界一流的海洋领域国家实验室——青岛海洋科学与技术试点国家实验室，等等。

习近平总书记对于海洋事业的发展十分关心，提出"要关心海洋、认识海洋、经略海洋，发展海洋科学技术，推动海洋科技向创新引领型转变"。蓝色硅谷就像是正在成长的雏鹰，将是中国海洋事业腾飞的新起点。

青岛海洋科学与技术试点国家实验室

青岛水族馆

青岛水族馆，
第一座中国人设计的水族馆

　　青岛水族馆，又名青岛海产博物馆、青岛海洋科技馆，位于青岛鲁迅公园的中心位置，依山傍海，是青岛的地标性建筑。青岛水族馆是我国第一座由中国人设计建设的水族馆，被蔡元培先生誉为"吾国第一"。开馆80余年来，一直深受青岛市民和国内外游客的喜爱。

20世纪30—40年代明信片上的青岛水族馆

现代海洋科学的起点

　　青岛水族馆在中国海洋科学的发展过程中占据着特殊的历史地位，究其原因，就要从 1930 年筹备建馆讲起。

　　1930 年秋，中国科学社成员会议在青岛召开，参会的蔡元培、李石曾、宋春舫、蒋丙然等科学先驱们感叹于国民海洋意识缺乏、国家海洋研究落后，倡议建立中国海洋研究所，并先期筹建青岛水族馆作为科研基地。当时国内水族馆领域可以说是一片空白，青岛水族馆的筹建是开拓性的。当时筹建者们决定要高标准建设，并且也把青岛水族馆的筹建当成一次彰显国格的契机。在彰显国格的指导理念之下，青岛水族馆在设计时一改当时崇尚的欧式建筑风格，采用了中国城垣式的古典民族建筑造型，这就在林林总总的欧式建筑中显得格外引人注目。青岛水族馆于 1932 年 5 月 8 日正式对外开放。在 20 世纪 30 年代，无论是建筑规模还是馆藏内涵，青岛水族馆都创下了亚洲之最。蔡元培先生感慨道："当为吾国第一矣！"80 多年前的这一句赞叹，不仅掀开了中国现代水族馆的历史，也见证了我国海洋科学研究事业发展的起点。

场馆概况

青岛水族馆是全国唯一的以展示海洋生物为主题的自然科学博物馆，在海洋科学研究领域收获颇丰的同时，也致力于向观众展示海洋生物的无限魅力。

梦幻水母宫是中国内地第一座专业性的水母展馆，行走其中，仿佛置身于梦幻的海底世界，体态婀娜的水母、随波摇曳的海葵汇聚到一起，构成了一个光怪陆离的画面。海洋生物馆始建于1936年，展示面积1200多平方米，馆内按照生物进化的顺序陈列展示了由海洋植物、原生动物、海绵动物、刺胞动物、软体动物、节肢动物、鱼类……至大型海洋哺乳动物的标本1000余件，是我国第一座专门展示海洋生物标本的自然博物馆。展品中不乏红珊瑚、龙宫翁戎螺、一角鲸、北极熊等众多珍稀海洋生物。海兽馆的前身是饲养南极科考船送

来的南极企鹅和海豹的南极馆。2011年，经过两次较大规模的改造之后，才有了如今的规模。在这里，活泼的海狮、海豹憨态可掬，让游客流连忘返，而且这里每年都会有3~4头小海豹诞生。淡水生物馆建于1995年，在这里可以看到国家一级保护动物中华鲟、扬子鳄，以及各种名贵热带鱼，如巨骨舌鱼、金龙鱼等。青岛海底世界是青岛水族馆与山东鲁信合作建设的大型现代化展馆，2003年开馆，以隧道式展池、圆柱体展缸为主，展示了数以千计的美轮美奂的海洋生物。

青岛水族馆多年以来一直致力于中国水族馆事业发展和海洋科普宣传，发起成立了全国性的水族馆专业委员会和青岛海洋科普联盟，是全国科普教育基地和全国海洋意识教育基地。

海洋生物馆一角

青岛海底世界一角

中国海军博物馆，展现蓝色军魂

　　中国海军博物馆坐落在青岛市莱阳路 8 号，处于青岛黄金海岸线上，是中国三大军事博物馆之一，也是我国唯一的海军博物馆。中国海军博物馆是海军发展史的载体，也是促进海军文化建设、弘扬革命传统、加强国防教育的重要平台。

　　中国海军博物馆分为室内展厅和陆海展区两大部分，展出面积 36 300 平方米，馆藏文物 2057 件（套），包括飞机 22 架、舰艇 13 艘，其中国家一级文物 17 件。这里拥有国内最大的海上舰艇展览群，从不同角度展示了中国海军从无到有、从小到大、从弱到强不断壮大的光辉历史。在这里我们还能看到海军史上的一系列经典战役，中国海军在一次次实战中百炼成钢、扬威四海。

中国海军博物馆一角

满旗、军装和枯树干

中国海军博物馆中有许多让人印象深刻的展品。第一件就是在序厅里展示的五彩缤纷的"满旗"。什么叫"满旗"呢?"满旗"指的是将46面海军通信旗按照两面方旗一面尖旗的顺序排列,从舰首的旗杆一直排到船尾。军舰上的满旗只在重大节日、庆典、阅兵和迎接国内外党和国家领导人时悬挂。序厅的满旗是在向每一位来到博物馆的游客行礼致敬。

海军服装展室中陈列了海军军服的演变过程。从"五〇式"到"五五式",从"六五式"到"八七式",再到"零七式",呈现了一个完整的序列。其中最特殊的一件当属首任海军司令萧劲光大将在1955年授衔时穿的那身海军大将礼服。之所以说特殊,是因为在开国十大将中只有萧劲光将军一位来自海军,这也就成了唯一的海军大将的礼服,非常珍贵。

在礼品展室中一段采自朝鲜上甘岭的枯树干特别引人注目。这是朝鲜人民代表团赠送给东海舰队的礼品,它是惨烈的上甘岭战役的见证。这段枯树干长度只有58厘米,上边却嵌进了35块弹片,安静的树干上,好像凝固了炮弹爆炸的巨响。它告诉人们,战争就是如此的残酷,世界需要和平。

陆上展厅一角

091型攻击核潜艇"长征一号"

退伍的"老兵"

室外的陆海展区向大家展示的是一些退役下来的武器，就像是一群退伍的老兵，坐在海岸边看着每天的日出日落。

陆上展厅主要展示有小型舰艇、飞机、导弹、雷达、火炮以及坦克等，其中不少武器曾经在战场上立下了赫赫战功。例如，在万山群岛海战中大显神威的"解放"号炮艇、接受了周恩来总理检阅的海军第一代K-185型木壳鱼雷快艇"总理艇"、海军首长第一代座机9232号运输机等。

海上展厅展出的是为保卫海疆和在人民海军建设中做出重要贡献的3艘功臣舰艇和1艘潜艇。这3艘舰艇分别是曾经作为中国人民海军主战舰之一的101驱逐舰"鞍山"号，我国自行研制的唯一的053K型舰空导弹护卫舰、同时也是我国自行研制的第一艘导弹护卫舰"鹰潭"号，曾位列中华十大名舰之首、被誉为"中华第一舰"的"济南"号；1艘潜艇为中国自主研发的第一艘核潜艇——091型攻击核潜艇"长征一号"。每一个展品的背后都有一段动人的故事，如今硝烟散去，岁月静好，它们可以慢慢地讲给人们听。

连云港港，新亚欧大陆桥东方起点

新亚欧大陆桥东方起点标志

连云港地处江苏省东北部，坐落于海州湾西海岸。这颗镶嵌在祖国中部沿海的璀璨明珠与孙中山先生有着密切的关联。按照孙中山先生描绘的东方大蓝图的设想，连云港应运而生，并且成为陇海－兰新铁路线东部最便捷的出海口。作为新亚欧大陆桥东方起点城市之一，连云港是我国中西部地区最为便捷、经济的出海口。

品牌之港

说起连云港，大家最熟悉的应该就是花果山。据说《西游记》中齐天大圣的老家花果山的原型就

是此山。如今的连云港依然如书中写的那样依山傍海，风光旖旎。在新形势下，连云港港的突破性发展和品牌建设更是让人们记住了它的名字。连云港港创新发展，创造了港口经济爆发式增长的奇迹，形成了良好的口碑，一跃成为江苏第一、沿海十大和全球百强的集装箱港，并且连续数年位于我国港口综合竞争力排行榜十强之列。另外，连云港港还是我国船港服务星光榜五星级港口之一。

港史回眸

连云港港地区，古称牢窖，是古代犯人充军的地方。直到 20 世纪初，这里还是一片大自然的王国。1908 年，邮传部侍郎、海州（今江苏连云港）人沈云霈提议兴办陇海铁路。1912 年，北洋政府与比利时银公司签订《一九一二年中华民国五厘利息陇秦豫海铁路金借款》，决定将汴洛铁路向东展延至海州，向西展延至兰州，成为陇海铁路。第一次世界大战后，比利时银公司资金不足。1920 年，北洋政府与比利时银公司和荷兰治港公司签订了《陇秦豫海铁路比荷借款合同》，续建陇海铁路。1921 年，比利时银公司取得了陇海铁路及其终点港的修建权，这就是连云港港史的起点。4 年后，陇海铁路修到了临洪河口的大浦，于是就在

连云港港

大浦设了简易码头。之后由于临洪河口淤塞，于 1933 年由荷兰治港公司承包，改在陇海铁路终点处建设连云港港。1936 年，建成一期工程。1938 年日军侵占连云港之后，又重新扩建了连云港港。

1949 年后，连云港港又进行了多次改扩建。特别是 1973 年以来，进行了大规模的建设。主要作业港区由马腰港区（原老港区）、庙岭港区、墟沟港区、旗台港区等组成，已形成运输组织管理、中转换装、装卸储存、多式联运、通信信息及生产、生活服务等功能齐全的大型综合性港口。

坐拥奇幻仙境，连云港美不胜收；身处要地，连云港港人恪尽职守，赢得好口碑，赢得精气神。

连云港港航运

中国海盐博物馆，一曲海盐长歌

中国海盐博物馆位于江苏省盐城市，是全国唯一经国务院批准的全面反映中国海盐历史文明的大型专题博物馆。2008年，正式建成并对外开放。博物馆分为序、"生命之侣"、"史海盐踪"、"煮海之歌"、"盐与盐城"5个展厅，旨在全方位、多角度地收藏、展示、保护和研究中国海盐文化历史资料，反映和再现中国海盐历史文明。

中国海盐博物馆

海盐博物馆与盐城

中国海盐博物馆坐落于盐城串场河和范公堤之间，总投资1.9亿元，建筑面积1.8万平方米。从博物馆的外形就能看出，设计师对于"盐"这一文化符号的尊崇。博物馆的造型是对海盐结晶体的演绎，旋转的晶体与层层跌落的台基相结合，就像是一个个晶体自由洒落在串场河沿岸的滩涂之上，动静结合，独具匠心。

中国海盐博物馆最终选址盐城也绝非偶然。在盐城这个因盐而兴并最终以盐命名的城市，海盐造就了这座城市的灵魂。有人说，盐城是一座经过咸卤浸泡过的城市，到处都

中国海盐博物馆外观

能看到海盐文化的积淀。盐城关于海盐的记载最早可以追溯到2000多年前的西汉时期，盐城正式命名则是在1600多年前的晋安帝时期。到了清朝末年，盐城境内的海盐产量

占到两淮盐产总量的一半以上。在盐城能看到 800 多处古代海盐历史文化遗存，可以说，这里是实至名归的"盐"城，也是中国海盐博物馆最好的归宿。

走进博物馆

"史海盐踪"展厅局部

走进海盐博物馆，首先映入眼帘的是一艘木制帆船和一组盐工取卤制盐的铜像，时钟似乎一下子就拨回了几百年前的两淮盐场，让我们看到了当年盐工们的艰辛。在"生命之侣"展厅中我们能看到原来小盐粒也有大作用。不仅在于饮食，盐利也为保障国家机器运行提供了经济基础。进入工业时代后，盐被应用于玻璃、陶瓷、电子、航天、石油钻探等行业，是人类生存发展名副其实的好伴侣。在"史海盐踪"展厅里，能够看到我国海盐发展的整体脉络。在"煮海之歌"的展厅里，我们能看到一个个鲜活的盐官、盐商、盐民，可以看到一步步流传下来的盐法，还可以看到与盐有密切关系的古代戏曲小说、诗词歌赋，整个展厅就像是一副五彩缤纷的海盐生活的浮世绘。在最后一个展厅"盐与盐城"中，我们能直观地感受到这座城市历史上的每一个发展细节都离不开海盐，盐就是这座城市的灵魂。如今的盐城人，将他们对海盐文化和城市之魂的理解浓缩在这座博物馆中，提醒着后人铭记海盐文化的源远流长和海盐与这座城市的深厚渊源。

鹅銮鼻灯塔

东海篇

上海港，集装箱吞吐量世界第一

世界著名港口

上海港洋山深水港区

上海港位于长江三角洲前缘，地处长江东西运输通道与海上南北运输通道的交汇点，扼长江入海口，是中国沿海的主要枢纽港，也是参与国际经济大循环的重要口岸。上海港每年完成的外贸吞吐量占全国沿海主要港口的 20% 左右。作为世界著名港口，2018 年，上海港集装箱吞吐量位居世界第一；货物吞吐量位居世界第二，仅次于宁波舟山港。

上海港依江临海，以上海市为依托、长江流域为后盾，经济腹地广阔，几乎我国所有省区市都有货物经过上海港装卸或换装转口。它的主要经济腹地除了上海以外，还包括江苏、浙江、安徽、江西、湖北、湖南、四川、重庆。

海运历史悠久

自古以来，上海港就是我国对外交通和贸易往来的重要港口。早在唐玄宗天宝五载（746），唐朝就在这里设立青龙镇（今上海青浦区东北，苏州河南岸），发展港口，供船舶往来停靠。宋代以后，青龙镇有"江南第一贸易港"的称号。明代时期，"黄浦夺淞"，上海港凭借黄浦江的优良航道而日益壮大。

上海港的真正壮大与我国的近代化进程密切相关。1842 年鸦片战争后，英国迫使清政府签订《南京条约》。上海港于 1843 年 11 月 17 日被迫对外开放，很快成为全国的航运中心。黄浦江和苏州河两岸逐渐形成了近代工业聚集区。20 世纪 30 年代，上海港已经成为远东航运中心，上海成为世界上重要的港口城市。1949 年 5 月，上海解放，上海港的历史揭开了新的一页。中华人民共和国成立后，特别是改革开放以来，上海港在上海市政府和交通运输部的支持下，不断发展壮大，吞吐能力不断增强，已成为一个综合性、多功能、现代化的大型主枢纽港，对长江流域乃至全国经济发展发挥了重要的促进作用。

港城共同繁荣

上海港的发展壮大与它背后所依托的城市——上海休戚相关，共同繁荣。

上海，这座繁华都市的兴起与发展离不开它优越的地理环境：控江临海。它背靠长江三角洲，面向太平洋，扼长江入海口。如果说上海是我国与世界相联系的东大门，那么上海港无疑就是这扇大门上最重要的一扇窗。上海借助这座港口进行世界贸易的交互往来，上海港则依靠上海这座活力无限的国际都市发展成为一个综合性、多功能、现代化的大型主枢纽港。上海港作为上海发展不可或缺的力量，必将推动我国进出口贸易登上新台阶！

上海景色

宁波舟山港，世界吞吐量第一大港

深水良港

　　宁波舟山港地处中国大陆海岸线中部，区位优势十分明显，是"21世纪海上丝绸之路"的重要节点，也是"长江经济带"的南翼"龙眼"。它面朝繁忙的太平洋主航道，背靠中国大陆最具活力的长三角经济圈，坐拥"服务世界"的全球视角，236条国际航线连接着100多个国家和地区的600多个港口，勾画着港通天下的航运贸易网。

　　宁波舟山港的港口水深条件非常优越，30万吨级巨轮可自由进出，40万吨级以上的巨轮可候潮进出，是中国10万吨级以上大型与超大型巨轮进出最多的港口。港区泊位星罗棋布，拥有万吨级以上泊位150座，5万吨级以上泊位89座，是中国大型和特大型深水泊位最多的港口。

宁波舟山港

宁舟合作

　　宁波港在经过多年的发展建设之后成为长江三角洲地区除上海港外唯一拥有远洋航线的港口；而舟山素有"东海鱼仓"和"中国渔都"之美称，拥有渔业、港口、旅游三大优势。为了充分发挥宁波、舟山港口资源优势，浙江省政府 2006 年 1 月成立了宁波舟山港管理委员会，以推进宁波、舟山港口一体化进程。宁波舟山港突破行政区划界限，整合宁波、舟山两港资源，对浙江省以及中国的水运经济发展而言意义重大、影响深远。

超级大港

　　2017 年，宁波舟山港货物吞吐量首破 10 亿吨，成为世界首个 10 亿吨大港；完成集装箱吞吐量 2 460.7 万标准箱，继续位列全球港口第四位，增幅继续位列全球前五大集装箱港口首位。近年来，宁波舟山港持续做强码头主业，成为辐射全球的集装箱枢纽港、中国大宗战略物资中转储备基地。

宁波舟山港集装箱码头

　　目前，宁波舟山港以浙江港口一体化发展为抓手，不断优化码头资源配置，形成了以宁波舟山港为主体、以浙东南沿海港口和浙北环杭州湾港口为两翼、联动发展义乌陆港及其他内河港口的"一体两翼多联"的港口发展格局。同时，抓住"一带一路"和长江经济带等重大战略机遇，加快发展海河联运、海铁联运等多式联运业务，实现业绩大幅增长。这些举措正积极推动宁波舟山港由国际大港向国际强港迈进。

舟山群岛，我国最大的群岛

千岛之乡

舟山群岛岛礁众多，星罗棋布，约占我国海岛总数的 13%，地处中国东部黄金海岸线与长江黄金水道的交汇处，是东部沿海和长江流域走向世界的主要海上门户。舟山群岛由 1390 个大小岛屿组成，其中 1 平方千米以上的岛屿 58 个，占该群岛总面积的 96.9%。主要岛屿

舟山群岛

有舟山岛、岱山岛、朱家尖岛、六横岛、金塘岛、大瞿岛、泗礁岛等。其中，舟山岛最大，面积为 502.65 平方千米，为我国第四大岛。舟山市也是我国第一个以群岛建制的地级市。

桃花岛

舟山群岛以山地丘陵为主，四面环海，属北亚热带南缘海洋性季风气候，冬暖夏凉，温和湿润，光照充足。岛上秀岩嶙峋，奇礁遍布，美丽的景点数不胜数，而位于东南部的桃花岛就是其中非常著名的一个。金庸先生的名作《射雕英雄传》和《神雕侠侣》中的"东邪"黄药师所居住的岛即指此岛。

桃花岛

桃花岛古称"白云山"。据说秦时黄老道家哲学传人、方仙道的创始人安期生曾抗旨不遵，南逃至桃花岛隐居，修道炼丹。一日，他醉墨洒于山石，成桃花纹，斑斑点点。故石称"桃花石"，山称"桃花山"，岛称"桃花岛"。

岛上的风景旅游资源丰富多样、门类齐全、品位较高，集海、山、石、礁、岩、洞、寺、庙、庵、花、林、鸟、军事遗迹、历史纪念地、摩崖石刻、神话传说于一体，自然景观与人文景观并存，于 1993 年被批准为省级风景名胜区。

舟山群岛新区

2011 年 7 月 7 日，国务院正式批准设立浙江舟山群岛新区。这是继上海浦东新区、天津滨海新区和重庆两江新区后，党中央、国务院决定设立的又一个国家级新区，也是国务院批准的中国首个以海洋经济为主题的国家战略层面新区。

在功能上，舟山群岛新区被定位为浙江海洋经济发展的先导区、海洋综合开发试验区、长江三角洲地区经济发展的重要增长极。

舟山群岛新区将建成中国大宗商品储运中转加工交易中心、东部地区重要的海上开放门户、中国海洋海岛科学保护开发示范区、中国重要的现代海洋产业基地、中国陆海统筹发展先行区。

舟山渔场，世界四大渔场之一

世界四大渔场之一

　　舟山渔场是我国最大的近海渔场，也是世界四大渔场之一，与俄罗斯的千岛渔场、加拿大的纽芬兰渔场、秘鲁的秘鲁渔场齐名。它位于杭州湾以东，长江口东南的浙江东北部，面积约5.3万平方千米，是浙江、江苏、上海、福建和台湾等地渔民的传统作业区域。

舟山渔场

天然渔场

这样一处天然渔场的形成自有其得天独厚的地理条件：首先，我国东海大陆架广阔，光照和水资源十分充足，加上这里地处长江、钱塘江、甬江入海口，江水的涌入亦带来大量养分；其次，台湾暖流和沿岸的寒流在此交汇，洋流搅动，使养分上浮，为鱼类生长提供了丰富的饵料；再次，周围岛屿众多，为鱼类的生活和繁殖提供了有利条件；最后，这里位置适中，是多种经济鱼类洄游的必经之路。

舟山渔场水产资源丰富：共有鱼类 365 种，其中暖水性鱼类占 49.3%，暖温性鱼类占 47.5%，冷温性鱼类占 3.2%；虾类 60 种；蟹类 11 种；海洋哺乳动物 20 余种；贝类 134 种；海藻类 154 种。以大黄鱼、小黄鱼、带鱼和乌贼四大经济物种为主要渔产。

"东海无鱼"

尽管舟山渔场久负盛名，但是目前它面对的情况并不乐观，甚至出现无鱼可捕的尴尬局面。以四大渔产中名气最大的大黄鱼为例，1957 年产量一度达到 17 万吨，而 2013 年经过大规模增殖放流后，产量也仅为 0.28 万吨。

过度捕捞是造成上述问题的首要因素。由于 20 世纪 70 年代以来大批机动渔船轮番滥捕，舟山渔场先后出现生长型和补充型群体数量急剧减少的现象，破坏了这些资源的生态平

舟山金枪鱼远洋捕捞船

衡。另一原因则是严重的海洋污染。一方面，受长江、钱塘江、甬江等大江大河所携带的入海污染物影响，近年来舟山市近岸海域海水呈现出较为严重的富营养化状态；另一方面，海域上常发生船舶漏油等污染事故，对海洋的危害极大。再加上无序围垦滩涂、发展临港工业、扩大交通航道等建设用海，也在挤占传统渔民的作业渔场，并破坏鱼群的产卵、索饵、越冬场和洄游通道。舟山渔场的生态治理与保护任务任重而道远。

普陀山，"海天佛国"

海天佛国

普陀山，与山西五台山、四川峨眉山、安徽九华山并称为中国佛教四大名山。它是舟山群岛1390个群岛屿中的一个小岛，形似苍龙卧海，面积近13平方千米，秀丽的自然景观和悠久的佛教文化融汇在一起，成了名扬中外的"海天佛国""南海圣境"。

据史书记载，早在2000多年前，普陀山即为道人修炼之宝地。

普陀山

秦代的安其生、汉代的梅子真、晋代的葛洪，都曾来此修炼。自观音道场开创以来，观光览胜者络绎不绝。宋陆游、明董其昌等历代名士，都先后登山游历。历朝名人雅士、文人墨客，或吟唱，或赋诗，留下了大量珍贵的诗文碑刻，使普陀山文物古迹极为丰厚。

"不肯去观音"

普陀山是全国著名的观音道场，其宗教活动可溯于秦，山上原始道教、仙人炼丹遗迹随处可觅。唐宣宗大中元年（847），有梵僧来谒潮音洞，感应观音化身，为说妙法，灵迹始著。

普陀山观音像

唐懿宗咸通四年（863），日本僧人慧锷（又作慧萼、慧谔等）从五台山请观音像乘船归国，舟至莲花洋，触礁，以为观音不肯东渡，乃留圣像于潮音洞侧供奉，遂名"不肯去观音"。后经历代兴建，寺院林立。鼎盛时期，共有 3 大寺、88 庵、128 茅蓬，4000 余僧侣，号称"震旦第一佛国"。

观音之乡

每年农历二月十九观音诞辰日、六月十九观音得道日、九月十九观音出家日，四方信众聚缘佛国，普陀山烛火辉煌、香烟缭绕，诵经礼佛，通宵达旦，其盛况令人叹为观止。绵延千余年的佛事活动，使普陀山这方钟灵毓秀之净土，积淀了深厚的佛教文化底蕴。

福州马尾船政文化建筑群，
领略"中国近代海军的摇篮"的魅力

"冷眼向洋看世界"

马尾地处福建闽江下游出海口，与台湾仅一水之隔，自古是福州母城的水上门户，近代被辟为五口通商口岸。鸦片战争以后，伴随着西方入侵者的隆隆炮声，中国的有识之士纷纷开始寻找救国强国之路，军事自强运动随之兴起。洋务派官员从学习西方的"坚船利炮"入手，在设厂制船造炮的同时，亦究心于创办各类教育机构以培养中国的近代化人才。

1866年，闽浙总督左宗棠在福州马尾创办了福建船政，轰轰烈烈地开展了建船厂、造兵舰、制飞机、办学堂、引人才、派学童出洋留学等一系列"富国强兵"活动，培养和造就了包括严复、詹天佑、邓世昌等一批优秀的思想家、中国近代工业技术人才和杰出的海军将士。同时，福建船政开风气之先河，大胆提出"冷眼向洋看世界"，引进西方先进科技，传播中西文化，促进了中国近代化进程，被称为中国近代历史的"活化石"。

"近代海军的摇篮"

2004年以来，福州市马尾区政府为弘扬船政文化，投资600多万元对中国近代海军博物馆进行全面改造，并更名为中国船政文化博物馆，紧接着建设起颇具规模的船政文化遗址

群。福州马尾船政文化建筑群以中国船政文化博物馆为中心，包括中坡炮台、昭忠祠、英国领事分馆、轮机车间、绘事院等多所船政遗址。中国船政文化博物馆先后入选爱国主义教育示范基地及国防教育基地。

船政文化

"天行健，君子以自强不息。"虽因时代局限，福州马尾福建船政的辉煌只延续了 40 多年，但却展现了近代中国先进科技、高等教育、工业制造、西方经典文化翻译传播等丰硕成果，孕育了诸多仁人志士及其先进思想，折射出中华民族特有的励志进取、虚心好学、博采众长、勇于创新、忠心报国的传统文化神韵。它是中国近代工业的重要发源地，被誉为"中国近代海军的摇篮"，是福州涵泳百年不懈的历史骄傲，是中华民族世代相传的精神瑰宝。挖掘、整理、研究船政文化，发扬光大船政文化精华，有着深远的意义。

福建船政学堂纪念馆内部一角

湄洲妈祖庙，妈祖信仰祖庭

妈祖祖庙

妈祖信仰在我国沿海地区广为流传，是历代航海船工、海员、旅客、商人和渔民共同信奉的神祇。民间在海上航行前先祭妈祖，祈求保佑顺风和安全，在船舶上立妈祖神位供奉。

目前，全世界已有妈祖庙近 5000 座，信奉者近 2 亿人，而这些庙宇的祖庙则是位于湄洲岛北端的湄洲

湄洲妈祖庙

妈祖庙。它初建于宋太宗雍熙四年（987），是为纪念妈祖而设立的。妈祖是湄洲岛上林氏女，一生虽然短暂却留下了无数救难济世的动人故事，后来被人们奉祀为神，形成一种民间信仰。1000多年来，妈祖的信仰远播海内外。那么，妈祖又何以赢得如此广泛而尊崇的地位呢？

海上女神

《妈祖神迹图》（其一）
（荷兰国家博物馆藏）

妈祖本姓林，名默，人们称之为默娘，福建莆田人。传说她自出生至满月，不啼不哭，默默无闻。她从小习水性，识潮音，还会看星象，长大后则一次又一次救助海难。她曾经高举火把，把自家的屋舍燃成熊熊火焰，给迷失的商船导航。她矢志不嫁，把救难扶困当作终极目标。宋太宗雍熙四年（987）九月初九，她在湄洲湾口救助遇难的船只时不幸捐躯，年

湄洲妈祖塑像

仅 28 岁。她死后，仍魂系海天。每每风高浪急，樯桅摧折之际，她便会化成红衣女子，伫立云头，指引商旅舟楫，逢凶化吉。人们为了缅怀这位勇敢善良的女性，立庙祭祀她。自宋徽宗宣和五年 (1123) 直至清代，共有 14 个皇帝先后对她敕封了 36 次，使她成了万众敬仰的"天上圣母""海上女神"。

神女之祠

湄洲妈祖庙建于宋初，开始很简陋，名叫"神女祠"，经过多次修建、扩建，日臻雄伟。后来庙宇几经损坏，日渐破败。20 世纪 80 年代以来，海峡两岸妈祖信徒同心协力，自愿捐物捐资，进行大规模的修复兴建。如今，妈祖庙已焕然一新，重显光彩，雕梁画栋，规模宏大。妈祖庙山顶屹立着一尊 14 多米高的巨型石雕妈祖塑像。近年来，每年到岛上观光、旅游者达 100 多万人次。其中，台湾同胞就有 10 多万人次。许多海员、渔民也到妈祖庙来祭拜祈福。

崇武古城，海上雄关

花岗岩古城

　　在福建惠安有一座有着 600 多年历史的古城，全是由未经雕饰的花岗岩垒砌而成。这座古城地处崇武半岛最南端，从高空俯瞰，它的形状像一只贝壳。据说这些垒墙的花岗岩新建时都是白色的，经过几百年的风雨侵蚀，大多已经变成了灰黄色，这也使得整座城池看起来更加古朴粗犷、沧桑雄浑。

海上雄关

　　崇武石头城的最初修建与军事防御密不可分。从 14 世纪开始，中国沿海屡有倭寇来犯，他们杀人越货，无恶不作。从明洪武二十年（1387）起，明太祖朱元璋为了防止倭寇入侵，在北起山东蓬莱，南至广东崖州（今海南三亚），修筑了一道与北疆长城相互呼应的东南海疆万里长城。它由 60 多座卫所城堡组成，福建一省之内便有 5 卫 13 所。崇武因其地处险隘，捍海疆而控东溟，成为一方要塞。历经 600 多年战火变迁，60 多座海滨卫所只剩下崇武古城

崇武古城东门

依旧完好地雄踞在东南沿海，成为我国军事建筑学研究的一份珍贵遗产。

崇武古城选址于滨海险要处，依地形而布局，体现着"进可攻、退可守"的战略原则，这是它能够躲过自然风雨灾害及人为攻击的原因之一。城墙全长 2457 米，墙高 7 米。崇武古城有东、西、南、北 4 个主城门，城门上各设烽火台一座，城中制高点莲花山曾经还设有瞭望台，构成了完整的战略防御工程体系。

石头之城

除了地理优势之外，崇武古城之所以能够保存至今，还在于修筑城墙的特殊材质——花岗岩。这是一种硬度高、耐磨损的岩石，主要成分是二氧化硅，它们是建筑、雕刻的首选用材。崇武本地就产有大量的花岗岩，而根据地质学家的研究，修筑古城城墙的花岗岩与城内其他石头有所不同，它们是一种更加特殊的花岗岩——晶洞花岗岩。这种花岗岩在世界范围内都非常罕见，仅在我国东南部和韩国中部出产。它的二氧化硅含量比一般花岗岩要高，因此硬度也更高，这也正是崇武古城能够历经数百年而不坏的深层次原因。

如今的崇武古城虽然已失去了军事防御的实用价值，但作为一处极具个性的旅游景点，我们仍能领略它昔日的猎猎雄风，令人怀古感今，遐想不已。

泉州港，"海上丝绸之路起点"

"东方第一大港"

泉州港位于泉州市东南晋江下游滨海的港湾，港口资源优越，海岸线总长 541 千米，是福建三大港口之一。

泉州港古称"刺桐港"，距今已有 1300 多年历史，是世界千年航海史上独占鳌头 400 年的"世界第一大港"，与埃及亚历山大港齐名，是联合国唯一认定的"海上丝绸之路起点"。

泉州港

"涨海声中万国商"

西汉年间，汉武帝曾两次派遣张骞出使西域，开辟了横跨亚欧大陆的商贸路线，因以运输中国出产的丝绸为主，故德国地理学家李希霍芬称之为"丝绸之路"。由于陆路交通易受匈奴等部族的影响，汉武帝又下令开拓海上对外贸易通道，与今东南亚、南亚地区通航通商，借此开通与西方大秦即古罗马的贸易交往。唐中叶以后，陆上丝绸之路因战乱频繁而趋于衰颓，海上丝绸之路却随着中国经济重心的南移逐渐兴起。到了宋元两代，更是进入鼎盛时期。作为海上丝绸之路起点的泉州港，也正是在这一时期发展壮大，大放异彩。

马可·波罗像

当时的泉州港，中外众多商船穿行于此，大量的阿拉伯等外国商人居住在泉州，出口中国的丝绸、瓷器、茶叶，同时从中东地区乃至欧洲进口香料、胡椒、苏木、工艺品等。元世祖至元二十九年（1292）春，在中国旅居 17 年之久的马可·波罗正是从泉州起航西返。他的《马可·波罗行纪》里称泉州港为"东方第一大港"，认为它可以与亚历山大港齐名，甚至更加宏伟。正是这座港口，造就了当时世界最大都市之一的泉州，造就了这座古城，促成了整座城市文化的多元性。

现代综合枢纽港

改革开放之后，这座已拥有 1300 多年历史的古港重新焕发了生命力。泉州港辖有 4 湾 5 个港区 16 个作业区。全港开通运输航线 130 多条，集装箱航线 76 条，与世界 41 个国家和地区有海运往来。2018 年，泉州港船舶进出港达 4.63 万艘次，港口货物吞吐量达 1.15 亿吨，连续 7 年突破亿吨大关。

宋泉州市舶司遗址，
回想"东方第一大港"的往昔

北宋海关

在泉州区水门巷竹街，有一块沧桑的石碑静静伫立，上书大字"宋泉州市舶司遗址"。这处貌不惊人的遗址，是我国唯一现存的古海关遗址，在千年前是远渡重洋来到泉州的"蕃人"进入这座城市的必到之处，也见证了宋元时期泉州海外交通和贸易的鼎盛和人称"东方第一大港"的辉煌历史。

北宋初年，泉州已成为仅次于广州的全国第二大港口。在这种情势下，宋哲宗元祐二年（1087），朝廷设立福建市舶司于泉州，泉州市

宋泉州市舶司遗址

舶司正式成立。它是我国古代管理海外贸易的专职机构，主要负责对海舶检查、缉私，办理海舶出海和返航手续，抽收货税和出售进出口货物，接待和管理外国来华使节、商人等。

"东方第一大港"

泉州是我国东南沿海的一座历史文化名城，是中世纪世界著名的贸易港口。泉州城形似鲤鱼，遂被称为"鲤城"；又因环城遍栽刺桐树，故又称"刺桐城"。

史书记载，早在南朝时，泉州就已有对外交往活动。在唐代，泉州已成为中国对外交通的第三大贸易港口。北宋时，宋朝对海外贸易实行奖励政策，泉州港凭借其优越的地理位置迅速发展，成为仅次于广州的全国第二大港口。南宋时期，泉州港进入其发展的鼎盛时期，泉州市舶司的业务也随之繁荣。宋高宗建炎二年至绍兴四年 (1128—1134)，泉州所交的税金相当于当时全国收入的 1/10。到元代，海外贸易空前繁荣。马可·波罗在这里看到"船舶往来如织""货物堆积如山"的景象。摩洛哥旅行家伊本·拔图塔也说，泉州港大舶百数，小船不可胜计。这时的泉州是名副其实的"东方第一大港"。

古刺桐港出土的宋代沉船

贝内特画中的伊本·拔图塔（右）

走向没落

明朝建立后，战乱和倭寇、海盗的侵扰严重影响了泉州港的贸易交流，泉州港逐渐走向没落。明成化八年 (1472)，福建市舶司迁往福州，从而结束了泉州市舶司的历史。

经历宋、元、明三代将近 400 年，泉州市舶司管理中外商船的出入境签证、检查、征税等事宜，同时兼有海关、外贸局、港务局等部门的职能，为泉州港乃至我国的对外贸易、经济发展以及对外文化交流做出了重大贡献，在我国古代航海和外交史上写下了光辉的一页。

鼓浪屿，历史国际社区

世界遗产

　　鼓浪屿是福建省厦门市思明区的一个小岛，与厦门岛隔海相望，是著名的风景区。由于鼓浪屿四周的轮廓接近圆形，因此宋元时期称其为"圆沙洲""圆洲仔"。因岛西南有海蚀洞受浪潮冲击，声如擂鼓，明朝雅化为今名。鼓浪屿街道短小，纵横交错，清洁幽静，空气新鲜，岛上树木苍翠，繁花似锦，特别是小楼红瓦与绿树相映，显得格外漂亮。

　　2017年7月8日，"鼓浪屿：历史国际社区"申遗成功，成为中国第52项世界遗产项目。

从日光岩顶俯瞰鼓浪屿

音乐之岛

　　鼓浪屿是"音乐家摇篮"。只要你漫步在各个角落小道上，就会不时听到悦耳的钢琴声、悠扬的小提琴声、轻快的吉他声、动人优美的歌声，加以海浪的节拍，特别迷人。音乐，已成为鼓浪屿一道特别绚丽的风景线。

　　鼓浪屿有音乐学校、音乐厅、交响乐团、钢琴博物馆。每逢节假日，鼓浪屿常举行家庭音乐会，有的一家祖孙三代一起演出，使家庭、团体、社会充满音乐气氛。这里音乐人才辈出，有蜚声乐坛的钢琴家殷承宗、许斐星、许斐平、许兴艾、李嘉禄、卓一龙等，中国第一位女声乐家、指挥家周淑安，声乐家、歌唱家林俊卿，男低音歌唱家吴天球，著名指挥陈佐湟，可谓群星璀璨。

鼓浪屿钢琴博物馆

建筑博物馆

由于历史原因，中外风格各异的建筑物在鼓浪屿被完好地保留下来，有"万国建筑博览"之称。古希腊的三大柱式陶立克、爱奥尼克、科林斯各展其姿；罗马式的圆柱，哥特式的尖顶，伊斯兰圆顶、巴洛克式的浮雕争相斗妍，异彩纷呈。这些都洋溢着古典主义和浪漫主义的色彩。

主要景点

鼓浪屿是绝佳的旅游胜地，有郑成功曾屯兵于此的日光岩。日光岩又称龙头山，与厦门的虎头山隔海相望，一龙一虎把守厦门港，叫"龙虎守江"。始建于1913年的菽庄花园坐落于鼓浪屿港仔后海藏园中，傍山为洞，垒石补山，与远处山光水色互为衬托，浑然一体。园内观海，波浪拍岸，倚栏远眺，极尽山海之致。此外还有极具特色的古避暑洞、皓月园、龙头山寨等等，不一而足，绮丽多姿。

菽庄花园

厦门大桥，我国第一座跨海大桥

桥梁建成

厦门大桥始建于 1987 年 10 月，1991 年 4 月主体工程竣工，同年 5 月试通车，总投资 1.56 亿元人民币。厦门大桥由高崎引道、跨海主桥和集美立交三部分组成，是厦门地区继高集海堤之后具有重要历史意义的一座桥梁，现今依然是西出厦门本岛的重要通道之一。

国内第一座跨海大桥

厦门大桥是我国第一座跨越海峡的公路大桥，这个"全国第一"可不好当。从 1987 年 10 月厦门大桥开工，到 1991 年 4 月竣工，12 月正式通车，花了整整 4 年。相比厦门其他大

厦门大桥

桥的建设，海沧大桥花了 3 年，杏林大桥花了 2 年多，集美大桥只花了 1 年多。

在建桥的过程中，建设者遇到了许多前人从未遇到过的困难，他们发挥聪明才智，取得了许多技术创新，后来的许多工程都从中受益。比如建设者之一朱奖怀回忆说，在建厦门大桥之前，中国建桥一般都是立杆照明，中间一排路灯，两边两排路灯。厦门大桥就取消了两边的路灯，把灯光从下面打在扶手上。这样两面的视觉就没有了障碍，开车过桥就更顺畅了。这个做法后来在许多桥梁的建设中都得到了采用。

厦门大桥的建设人员克服种种困难，交出了一份满意的答卷，也留下了对厦门海域水文、地质等方面的详细记录资料，为后来几座大桥和隧道的建设积累了宝贵的经验。

畅通厦门

厦门大桥建设之前，厦门出岛唯一的通道是高集海堤。海堤只有 2 个车道，而厦门岛内的机动车在 20 世纪 80 年代已经有近 1 万部，海堤已经不堪重负。而且经过几十年"服役"，路面坑洼不平，车速也上不去。一旦发生事故，施救车都难进去，堵车更是家常便饭。

1991 年，厦门跨海大桥竣工通车后，日通行能力达到 2.5 万辆次，使由于车辆多、海堤路况差造成的进出厦门岛难的问题得到极大改善，厦门经济特区实现了真正的腾飞。自此之后，厦门岛与岛外各区、省内各地区及与临近广东省之间的联系大大加强，进一步增强了厦门特区发展的潜力。

夜间的厦门大桥

厦门夜景

北港朝天宫，台湾妈祖总庙

妈祖来台

北港朝天宫是台湾云林最著名的庙宇，它也是台湾妈祖的总庙。朝天宫旧称天妃庙或天后宫，后改名为朝天宫。清康熙三十三年（1694），佛教临济宗第三十四代禅师树壁和尚从湄洲朝天阁恭请妈祖来台，于北港兴建一座小祠供民众祀奉，后不断兴修扩建，才形成如今的朝天宫规模。300多年来，朝天宫里信众香客络绎不绝，人们在此请求妈祖庇佑，祈望人生平安。

北港朝天宫

"三月疯妈祖"

每年农历三月十九这天，北港家家户户都会办桌请远方来的亲友共同享用美食。在妈祖绕境时，会准备大量的鞭炮置于妈祖的凤辇神轿下，称为"犁炮炸轿"。它与台东炸寒单、盐水蜂炮并称"台湾三大炮"。在庙口的绕境队伍出发后，北港街头鞭炮声四起，人们即知道妈祖绕境队伍出巡了。这就

"三月疯妈祖"

是北港朝天宫的年度盛会"三月疯妈祖"。因为传说妈祖于三月十九日这天从福建莆田的湄洲祖庙来到台湾，人们在这一天要迎接到来的妈祖。北港迎妈祖的活动盛大而富有特色，一路鞭炮齐鸣，锣鼓喧天，人们欢庆妈祖的到来。2008 年 7 月 11 日，北港朝天宫迎妈祖的习俗被指定为"台湾文化资产"之民俗类。

殿内三宝

在朝天宫里，除了供奉妈祖神像之外，还收藏有"三宝"，分别是宝玺、钵和《昭应录》。宝玺最初随妈祖神像渡海而来，全台湾仅有北港朝天宫妈祖有宝玺；钵乃是树璧和尚的化缘钵，上刻有《般若波罗蜜多心经》，是佛家临济宗传下；《昭应录》为木刻本，记载着妈祖升天后救世感应事迹。

300 多年来，朝天宫妈祖恩泽着这一方水土，庇佑着这一方民众。台湾大约有八成民众信仰妈祖，而朝天宫也将妈祖分流到不同的地方，让妈祖信仰在不同的地方扎下了根，护佑更多的人民，留下了许多动人的传说。

高雄港，台湾最大港口

高雄港入口

高雄港是一座位于台湾南部的海港，毗邻高雄市市区，也是台湾最大的港口，属大型综合性港口，有铁路、高速公路作为货物集运与疏运手段。港口内有 10 万吨级矿砂码头、煤码头、石油码头、天然气码头和集装箱码头，共有泊位 80 多个，岸线长 18 千米多。港口年货物吞吐量 5000 万 ~ 6000 万吨。港口设有百万吨级大型干船坞和两座 25 万吨级单点系泊设施。高雄港是世界集装箱运输的大港之一，1989 年集装箱吞吐量已达 338.3 万标准箱。

历史沿革

打狗（高雄旧称）港所在地在明朝后期还是一个小渔村，打狗港最初只是个渔港。其后，打狗港在荷兰殖民时期与明郑时期都有开拓。入清之后，打狗港成为台湾南部仅次于安平港的第二大港，成为今高屏地区商品集散中枢。1858 年《天津条约》签订后，打狗港成为台湾地区 4 个开放通商口岸之一，并取代安平港成为台湾南部第一大港。1863 年，清政府设立打狗海关。日本殖民时期，于 1900 年后展开多次拓建。1920 年 9 月，日本殖民统治者将打狗改名为高雄。1939 年，高雄港货物吞吐量达到日本殖民时期的最高峰。1945 年，日本战败投降，台湾光复。高雄港经过疏浚扩建等措施，至 2000 年，再度建成 5 个货柜中心、8 个新建深水码头，成为今日我们所见到的高雄港。

发展前景

高雄港曾长期位居世界海洋货运第三大港，仅次于香港港与新加坡港。但近年来由于受到区域内其他港口，包括传统大港香港港、韩国釜山港、上海港以及新兴港口深圳港、宁波舟山港、青岛港之竞争挑战，排名逐渐靠后。但高雄港仍努力提升其竞争力，目前高雄港货运进出量约占全台货运进出量的 66%。随着两岸"三通"的实现，高雄港加强与大陆港口的海运交流。2008 年，高雄港与大连港缔结为姐妹港。

近年来由于台湾产业转型，加上大陆经济开放，国际贸易量大幅增长，以及大陆广建深水港的影响，高雄港业务有下滑趋势。为挽救高雄港竞争力、吸引外商前来布局，台湾积极推行自由贸易港区政策，规划"洲际货运中心"，力争将高雄港建成真正的亚太营运中心。

高雄港

垦丁公园，宝岛明珠

热带公园

　　垦丁公园位于屏东县境内、台湾最南端的恒春半岛，是台湾热门观光胜地之一。垦丁公园海陆域面积合计共 33 269 公顷，园区南北长约 24 千米，东西宽约 24 千米，全境属热带。垦丁公园地形变化多端，景观资源极为丰富。

垦丁公园一角

生物资源库

　　垦丁公园的南仁山保存有热带季风原始林及原始海岸林，共有植物 2200 多种，占台湾植物种数的一半左右。其中，有不少是独特的种属，如锈叶野牡丹、南仁山新木姜子、恒春福木，以及红豆树、钉地蜈蚣、莎草蕨等。珍贵的野生动物除台湾猴外，还有黄鹿台湾亚种、赤腹松鼠台南亚种等台湾特产亚种，以及黑枕黄鹂等 60 多种留鸟和赤腹鹰等 50 多种候鸟。还有种类繁多的野生蝴蝶，达 162 种，占台湾蝴蝶种类的 1/3 以上。垦丁公园堪称宝岛上的生物资源库。

垦丁公园灯塔

景点分布

　　垦丁公园根据恒春半岛的自然面貌进行建设布局，陆地和海域都分别划有生态保护区、特别景观区、史迹保存区、游憩区和一般管制区。生态保护区是公园的核心部分，保持着原始的状态，生物物种繁多。特别景观区是由特殊的天然沿海珊瑚礁、热带雨林、龙銮潭冬候鸟栖息地以及大小尖石山等优美景观组成。史迹保存区保存着垦丁、鹅銮鼻、龙坑等 60 多处史前遗迹和许多文化古迹。游憩区是可以进行野外娱乐活动和有限度生物资源利用的地区，兴建了适当的娱乐设施和开展活动的场地。

　　垦丁公园的景点亦有很多：有作为垦丁地标之一、垦丁半岛区最高点的大石尖；有形似美国前总统尼克松头部的船帆石；有绝佳的赏鸟景点的龙銮潭；有作为台湾海峡与巴士海峡分界点的猫鼻头，它的海岸线鸟瞰似百褶裙，有"裙礁海岸"之称；另外还有白沙湾、南仁湖、风吹沙、落山风等等别致的景点，美不胜收。

船帆石

南天一柱

南海篇

广州港，千年古港正扬帆

中国古港

　　自古以来，广州港就是我国对外贸易的重要港口，2000 多年来，广州外贸城市的地位一直保持至今，而且不断地向前发展。据史料记载，早在战国时代，广州已开始与邻国有贸易往来。秦汉时，番禺（今广东广州老城区）是南海郡治所在，是全国 10 多个商业都市之一，是热带珍贵特产的集散地，成为我国海外贸易枢纽。唐代时，广州对外贸易有更大发展，广州港成为世界著名的港口。唐代重要海外航线之一就是从广州出航，称"广州通海夷道"。五代至宋代，广州港一直是我国最大通商口岸，对外贸易获得持续发展。宋朝对海外贸易非常重视，在各通商口岸设立市舶司管理与收税，抽取货物价格的 1/10 作为入口商税。北宋时，广州港对外贸易税收约占国家总收入 2%~3%；南宋时，则达 20%，是国家税收的重要来源。明朝时，我国对外贸易主要港口是泉州、宁波与广州 3 处，均设市舶司。明嘉靖元年（1522），由

《广州港全景图》
（广东省博物馆藏）

于沿海地区常遭倭寇骚扰，朝廷封闭泉州、宁波两港，仅留广州港。清代中期至鸦片战争前，广州港为唯一对外贸易港口。广州十三行"洋船泊靠，商贾云集，殷实富庶"，是我国对外贸易中心。

2000 多年来，广州虽然一直保持对外贸易城市的地位，但随着各个朝代社会经济发展与对外贸易政策变化，时兴时衰。鸦片战争结束、五口通商以后，我国沦为半封建半殖民地国家，广州成为典型的半殖民地半封建性质的外贸城市。

发展前景

步入 21 世纪，在腹地经济持续快速增长的支撑下，广州港快速发展，现已与世界 170 多个国家和地区的 500 多个港口建立贸易往来。2010 年，广州港货物吞吐量突破 4 亿吨，成为我国大陆继上海港、宁波舟山港后第三个跨入 4 亿吨行列的国际大港。

在未来的发展中，广州港将以建设现代化国际强港为目标，以和谐发展为主题，切实抓好深水航道和大型专业泊位建设，加快港口集疏运系统的建设和升级，继续优化港口结构，扎实推动广州港全面、快速、和谐发展。

广州港新沙港区

深圳夜景

深圳港，华南良港

特区深圳

　　深圳，简称"深"，别称"鹏城"，地处珠江三角洲前沿，是连接香港和中国内地的纽带和桥梁。作为中国经济改革和对外开放的"试验场"，深圳率先建立起比较完善的社会主义市场经济体制，创造了举世瞩目的"深圳速度"，创造了世界工业化、城市化、现代化史上的奇迹，是中国改革开放 40 年辉煌成就的精彩缩影。深圳的繁荣，带动了深圳港的发展；深圳港的发展，又使得深圳更加繁荣。

华南良港

　　深圳港位于广东珠江三角洲南部，珠江入海口伶仃洋东岸，毗邻香港。260 千米的海岸线被九龙半岛分割为东、西两大部分。西部港区位于珠江入海口伶仃洋东岸，水深港阔，天然屏障良好，南距香港 20 海里，北至广州 60 海里，经珠江水系可与珠江三角洲水网地区各市、县相连，经香港暗士顿水道可达国内沿海及世界各地港口。西部港区主要包括蛇口、赤湾、妈湾、东角头、福永等港区。东部港区位于大鹏湾内，湾内水深 12~14 米，海面开阔，风平浪静，是华南地区优良的天然港湾。东部港区主要包括盐田、沙渔涌、下洞等港区。此外还有内河港区。

作用重大

深圳港作为国家确定的华南地区集装箱枢纽港，广泛服务于珠江三角洲地区和省内外其他地区，为这些地方的对外开放和发展外向型经济做出了重要贡献。据测算，深圳港集装箱货源构成中，深圳市和珠江三角洲地区约占八成，外省约占一成，国际中转约占一成。由此可见，深圳港不仅为深圳，而且为广东乃至华南地区以及国际集装箱中转运输发挥了重要作用。深圳港的发展为深圳、广东乃至全国对外贸易的发展起到极其重要的推动和促进作用，深圳港已成为深圳的一个重要基础产业以及深圳改革开放成果的重要标志。

深圳港盐田港区

香港维多利亚港，
世界三大天然良港之一

"东方之珠"

香港，简称"港"，素有"东方之珠"的美誉，自古以来就是中国的领土。1997 年 7 月 1 日，中华人民共和国正式恢复对香港行使主权，香港特别行政区成立。

香港是一座高度繁荣的国际大都市，与纽约、伦敦并称为"纽伦港"，是全球第三大金融中心，重要的国际金融、贸易和航运中心，也是全球最自由经济体和最具竞争力城市之一，在世界享有极高声誉，被全球知名的城市评级机构 GaWC 评为世界一线城市。

世界三大天然良港之一

维多利亚港位于香港特别行政区的香港岛和九龙半岛之间。它港阔水深，是世界三大天然良港之一。

香港夜景

维多利亚港夜景

香港在 1840 年以前只是一个 5000 人的小渔村，有关古时的维多利亚港的文字记录很少。据史书所说，宋朝已有军队留守，保护当时的盐商和盐的海上贩运。鸦片战争前，英国人就看中了维多利亚港有成为东亚地区优良大港口的潜力。《南京条约》签订后，为了不让当时的其他列强占有这个有重要战略意义的优良深水港，英国夺取了香港及其优良的港口，并以此发展其远东海上贸易。维多利亚港见证了香港成为英国殖民地的历史。

百年香港之见证

100 多年来，维多利亚港的角色远远超越了一个普通的港口，它一直影响着香港的历史和文化，主导着香港的经济和旅游业发展，是香港成为国际化大都市的关键之一。维多利亚港一带，在位置及地貌上来说都是香港的中心，它是香港重要的天然资源，也是香港市民生活的一部分，每天数百万人次跨越南北两岸；经济上，它是世界上最繁忙的集装箱港口，见证着香港的商贸、经济和旅游业的变迁；文化上，维多利亚港以及维多利亚港两岸的建设、发展、花絮、新闻、是是非非和喜庆盛事都影响着香港的历史和文化内涵，为香港这个国际大都市不断增添华彩和魅力。

香港海洋公园，
亚洲首座全球最佳主题公园

全球最佳主题公园

香港海洋公园

香港海洋公园位于香港南区黄竹坑，占地超过 91.5 公顷，是一座集海陆动物展示、机动游戏和大型表演于一体的世界级主题公园，是全球最受欢迎及拥有最多入场人次的主题公园之一，并曾于 2012 年获得 The Applause Award（全球最佳主题公园）大奖，成为亚洲首座荣获该奖的主题公园。公园于 1977 年 1 月 10 日开幕，由香港政府全资拥有的一个非牟利机构管理。公园拥有"全球最受欢迎的主题公园"的称号，也曾享有"世界最大的水族馆"的荣耀。

园内景点

香港海洋公园三面环海，东濒深水湾，南临东博寮海峡，西接大树湾。公园建筑分布于南朗山上及黄竹坑谷地，分山上和山下两部分，两园间设有架空缆车，游客可乘坐 1.4 千米的缆车，来往于两园之间。在缆车内，游客可观赏深水湾及浅水湾海景。公园包括海洋天地、集古村、绿野花园、雀鸟天堂、山上机动城、急流天地、水上乐园、儿童王国等八区。山上是海洋公园的主要部分，有海洋馆、海涛馆、海洋剧场和百鸟居；山下有亚洲第一个水上游乐中心，还有花园剧场、金鱼馆及仿照历代文物所建的集古村等。

神奇冒险

在香港海洋公园，不仅可以看到趣味十足的海豚、海狮、飞鸟等精彩特技表演，还有千奇百怪的海洋鱼类、高耸入云的摩天塔，以及各式各样惊险刺激的机动游乐设施，如过山车、摩天轮、海盗船等，是访港旅客最爱光顾的地方。

香港海洋公园一角

港珠澳大桥东段

港珠澳大桥，
世界最长的跨海大桥

"世纪工程"

　　1983年，香港的建筑师胡应湘最早提出兴建连接香港与珠海的跨境大桥。作为一座涉及中国"一国两制"三地的世界级跨海大桥，协调难度之大前所未有。2009年10月28日，国务院批准港珠澳大桥工程可行性研究报告，为争论了26载的大桥话题画上句号。2009年12月15日，港珠澳大桥正式开工建设。

　　建设港珠澳跨海大桥的过程中遇到许多的难题和考验，其中最难的是要通过海底隧道的形式将连接三地（香港、澳门和珠海）境内的一系列交通干道连接贯通。全长5664米的海底隧道，由33节钢筋混凝土结构的沉管对接而成，是世界上最长的海底沉管隧道。每一标准管节排水量达75 000吨，使用的钢筋量相当于埃菲尔铁塔。这是我国首次采用沉管工艺建造的海底隧道，也是世界上规模最大的沉管隧道。而它的铺设与对接对技术、气候、环境等条件要求极高，世所罕见，其建设难度之大可想而知。

　　2016年9月27日，港珠澳大桥主体工程中的桥梁工程贯通。

港珠澳大桥香港连接线

2017 年 7 月 7 日，港珠澳大桥海底隧道段的连接工作顺利完成，跨海大桥主体工程全面实现贯通。2018 年 5 月 13 日，珠海高速客轮有限公司开通了港珠澳大桥海上游。2018 年 10 月 23 日，港珠澳大桥开通仪式在广东珠海举行，习近平总书记出席仪式并宣布大桥正式开通。大桥于 2018 年 10 月 24 日上午 9 时正式通车。

造福三地

港珠澳大桥项目跨越伶仃洋，东接香港大屿山，西接珠海和澳门半岛，是"一国两制"框架下粤港澳三地首次合作建设的大型跨海交通工程，也是世界上最长的跨海大桥工程。

作为中国建设史上里程最长、投资最多、施工难度最大的跨海桥梁项目，港珠澳大桥受到海内外广泛关注。大桥开通之后，开车从香港到珠海的时间由之前的 3 个多小时缩减为半个多小时，大幅减省了香港与珠江西岸间陆路客运和货运的成本及时间。凭借大桥的联系，珠三角西岸纳入香港方圆 3 小时车程内可达的范围，大大提升该区对外资的吸引力，有助优化区内工业结构，也能为港商提供大量拓展内地业务的良机。香港的旅游、金融、贸易、商业和物流等各主要行业将受惠于这片新的经济腹地。粤、港、澳三地将更紧密连接在一起。

港珠澳跨海大桥的建成对香港、澳门、珠海三地经济社会一体化意义深远。

澳门妈阁庙，Macao 名称由来之处

澳门禅院之首

澳门妈阁庙，又称妈祖阁，俗称天后庙，位于澳门的东南。它是澳门著名的名胜古迹之一，建于明朝，至今已逾 500 年，是澳门三大禅院中最古老的一座（其他两座为普济禅院和莲峰庙）。

澳门妈阁庙大门

    妈阁庙内有"神山第一"殿、正觉禅林、弘仁殿、观音阁等4
栋主建筑，分别建于不同时期。其中，弘仁殿规模最小，是一座3
平方米的石殿，相传建于明弘治元年(1488)；正觉禅林规模最大，
创建于清道光八年(1828)；"神山第一殿"是由当时官方与商户合资
建于明万历三十三年(1605)。上述三殿均供奉天后妈祖，观音阁则
供奉观音菩萨。妈祖阁平时就香火不绝，每年农历除夕、三月廿三日
妈祖宝诞、九月初九重阳节，这里更是人山人海，热闹非凡。

澳门妈阁庙

Macao 的由来

明嘉靖三十二年（1553），葡萄牙人从当时的明朝广东地方政府取得澳门居住权，成为首批进入中国的欧洲人。当时葡萄牙人从妈阁庙附近登陆，他们问当地人这里的地名，当地人便回答妈阁。葡萄牙人误以为妈阁是澳门这个地方的名字，便把澳门称为Macau（妈阁葡萄牙语的译音），即英语的Macao。

妈祖文化

妈祖塑像

"妈祖"在福建话里是"母亲"的意思，妈祖的传说最初来自北宋林默娘海上救人的故事，在传播过程中逐步被人们神化，得到信仰者广泛热烈的信奉。历代王朝也顺应民心支持妈祖信仰，宋代封妈祖为"夫人"，元、明二朝加封为"天妃"，清朝晋封为"天后"。所以我们看到妈阁庙内供奉的天后牌位上写着"护国庇民天后元君之神位"。

由于妈祖拥有博大慈爱的襟怀和救苦救难的高尚品德，人们为了表达对她的崇敬，赋予她诸多神奇的色彩和美丽的传说。经过千年的演绎，妈祖文化已成为中华民族优秀传统文化的重要组成部分。

广东海上丝绸之路博物馆，
宋代沉船展新姿

专题博物馆

广东海上丝绸之路博物馆又称"南海1号"博物馆，位于广东省阳江市海陵岛十里银滩风景区西面，背山面海，风光宜人。博物馆的总建设面积1.75万平方米，主要由"一馆两中心"（广东海上丝绸之路博物馆、"海上丝绸之路学"研究中心和研发中心）构成，设有陈列馆、水晶宫、藏品仓库等设施，主要展出的是沉寂于海底800多年的宋代商贸海船。

广东海上丝绸之路博物馆

地标式建筑

广东海上丝绸之路博物馆是一家以"南海1号"宋代古沉船保护、开发与研究为主题，以展示出水文物及水下考古现场发掘动态演示过程为特色的专题博物馆。博物馆内所展示的船上文物价值连城，国家一级文物之多世所罕见。博物馆的外观设计紧扣海的主题，由 5 个不规则、大小不一的椭圆体连环相扣组成，外形犹如古船的龙骨，整体既似起伏的海浪，又如展翅的海鸥。建筑摒弃传统的梁架结构，把造船的龙骨结构和南方独特的干栏式建筑形式相结合，风格清新独特，堪称我国乃至世界上的地标式建筑。

"南海 I 号"古船

"南海 I 号"宋代沉船于 1987 年在距海陵岛 30 多海里的海区被意外发现。这是一艘南宋时期的木质古沉船，是目前发现的最大的宋代船只。"南海 I 号"古船是尖头船，经过初步推算，整艘商船长 30.4 米，宽 9.8 米，船身（不算桅杆）高约 4 米，排水量估计可达 600 吨。专家根据船头位置推测，当时这艘古船是从中国驶出，赴东南亚或中东地区进行海外贸易。令人惊奇的是，这艘沉没海底近千年的古船船体保存得相当完好，船体的木质仍坚硬如新。这艘沉船的出现对我国古代造船工艺、航海技术研究以及木质文物长久保存的科学规律研究，提供了最典型的标本。

"南海 I 号"是海上丝绸之路主航道上的珍贵文化遗产，其所载文物反映了我国宋代的社会生产状况、社会生活情形、文化艺术水平与先进的科学技术，为"海上丝绸之路学"研究古代造船技术、航海技术及研究我国古代的"来样加工"等提供了极好的素材，对研究海上丝绸之路历史、造船史、陶瓷史、航海史、对外贸易史等都有极为重要的科学价值，成为世界考古界和探险界关注的焦点。

专家对"南海 I 号"进行保护

"南海 I 号"部分出土文物

涠洲岛，我国地质年龄最年轻的火山岛

碧波明珠

涠洲岛位于广西壮族自治区北海市北部湾海域中部，北临广西北海市区，东望雷州半岛，东南与斜阳岛毗邻，南与海南岛隔海相望，西面面向越南，如同一颗明珠在北部湾的万顷碧波中闪耀着光芒。

涠洲岛的地势南高北低，向北逐渐倾斜，然后逐渐过渡到平坦宽阔的沙质海滩，地貌类型比较简单。岛的南半部以海蚀地貌为主，其中以南湾沿岸最为典型。南湾原是一处南边破口的火山凹地，被海水淹没，形成海湾，其周围是火山沉积岩。在海浪的侵蚀下，潮间带附近的岩石首先遭到破坏，便形成了呈层分布的海蚀洞穴。而洞穴上部的岩石失去支持后沿垂直节理断裂或崩塌下来，于是又形成陡峭的海蚀崖。南湾东西两侧的山地分别被称为东拱手和西拱手。东、西拱手间近5千米长的海湾上，布满这种海蚀崖，它们的高度在30~50米之间，坡度大于75°，让人不得不惊叹于大自然的鬼斧神工。

涠洲岛海滩

最年轻的火山岛

广西北海涸洲岛火山国家地质公园

4.4 亿年前的古生代志留纪时期，今广西地区处于一片汪洋大海中。2 亿年前的三叠纪中晚期，强烈的造山运动使得东南亚地壳大面积上隆，海水消退，使今广西地区形成相对稳定的大陆。距今约 6700 万年前发生的喜马拉雅运动，使得今北部湾一带再次沉沦为海。至第四纪更新世，海底发生火山喷溢，从而形成了涸洲岛。晚更新世后期出现全球性的大海消退，涸洲岛完全上升露出水面。中新世晚期至距今 7000 年，全球性气候变暖，冰后期海面迅速上升。距今 3500~4000 年，涸洲岛大部分地区处于缓慢上升阶段。这中间，涸洲岛多次发生海洋风暴以及地震及引发的海啸，加上平时海水与海岸的相互作用，形成了现今涸洲岛丰富多彩的海蚀、海积、海滩地貌。作为火山喷发堆凝而成的岛屿，涸洲岛是中国地质年龄最年轻的火山岛。

"滴水丹屏"

涸洲岛是广西最大的海岛。岛内景区包括鳄鱼山景区、"滴水丹屏"景区、石螺口景区、天主教堂景区和五彩滩景区等。其中，位于岛屿西部的"滴水丹屏"堪称中国火山景观的奇迹。"滴水丹屏"是一面岩石形成的悬崖峭壁，为典型的海蚀地貌。裸露的岩层红、黄、紫、绿、青五色相间，纹理异常清晰，崖顶之上藤树缠绕，红花绿叶倒挂崖头，展现出旖旎多姿的色彩，取"丹屏"之名；巨崖岩层间裂隙常有水溢出，不断地向崖下滴落，所以取名"滴水"。

东寨港红树林保护区，
我国最大的红树林保护区

国内最大的红树林保护区

东寨港红树林自然保护区位于海南省海口市美兰区东北部的东寨港，绵延 50 千米，面积 3 337.6 公顷，是中国建立的第一个红树林保护区。这里因陆陷成海，形如漏斗，海岸线曲折多湾，潟湖滩面缓平，红树林就分布在整个海岸浅滩上，区内生长着全国成片面积最

东寨港红树林保护区

大、种类齐全、保存最完整的红树林，共有红树植物 19 科 35 种，占全国红树林植物种类的 97%。其中，水椰、红榄李、海南海桑、卵叶海桑、拟海桑、木果楝、正红树、尖叶卤蕨为珍贵树种。海南海桑和尖叶卤蕨为海南特有。保护区还有鸟类 204 种、软体动物 115 种、鱼类 119 种、蟹类 70 多种、虾类 40 多种，是物种基因和资源的宝库。

"海上森林"

东寨港的红树林生长良好，丛林茂密。多数时候，东寨港海岸每天有两次潮水涨落。每月有两次大潮高潮和大潮低潮，其他时间潮水起伏不大。大潮低潮时，可以看到红树林

红树林

的根部和泥地；就算是大潮高潮时，也能看到红树林的树冠。潮水大涨大落和潮水小涨小落，景致各不一样。涨潮时分，红树林的树干被潮水淹没，只露出翠绿的树冠随波摇曳，成为壮观的"海上森林"，有水鸟展翅其间，游人可乘小舟深入林中。近观红树，树干卷曲，地根交错，手挽着手，肩并着肩，依依偎偎，如龙如蟒，似狮似猴，像鹤像鹰，千姿百态，离奇古怪。树顶上，点缀着一簇簇白的、紫的、蓝的小花朵，在阳光映辉下格外绚丽多彩。红树林是热带海岸的重要标志之一，既能防浪护岸，又是鱼虾繁衍栖息的理想场所，具有重要经济价值、药用价值和观赏价值。

野菠萝岛

东寨港红树林保护区内还有一处野菠萝岛。岛上环境幽美，修有观光小道，可乘游船登岛游览。快艇从码头出发，十几分钟后就到了野菠萝岛。岛的一半是人工种植的像茶树一样的红树林，生机盎然，一望无际，甚至分不清哪里是岛哪里是海；岛的另一半就是野菠萝密林，阴森森黑黢黢。野菠萝树的气息根长出土壤外1~2米高，根和枝干相连，盘根错节，奇形怪状。野菠萝树不是菠萝，而是露兜，为露兜科热带小乔木，是一种野生固沙植物。它的果实像菠萝，但却坚硬无比，几乎无法食用，因此当地人把它们叫作野菠萝，岛因树而得其名。

露兜果实

亚龙湾，"天下第一湾"

"天下第一湾"

亚龙湾

亚龙湾位于海南省三亚市东南28千米处，是海南名景之一，被誉为"天下第一湾"。

亚龙湾为一个月牙湾，拥有7千米长的银白色海滩，沙质相当细腻。这里没有受到污染，海水洁净透明，远望呈现几种不同的蓝色，水面下珊瑚种类丰富，可清楚地观赏珊瑚，适合多种水下活动，使得海底观光成为当地旅游的核心。这里冬季平均气温27 ℃，平均水温20 ℃，是一处理想的冬季避寒和休闲度假胜地，号称"东方夏威夷"。

亚龙湾传说

传说很久以前，亚龙湾一带的海边并没有沙滩，紧靠海面的是崇山峻岭。在高山上住着几十户黎族人家，这里的姑娘们个个美若天仙。天上有七位英俊潇洒的仙人闻其美名，怦然动了凡心，他们踩着云来到海边，一人朝一位姑娘吹了口气，就有七位姑娘踩了风似的随他们朝深山峻岭跑去。

七位姑娘被迫随七位仙人来到深山，但她们都不接受仙人的求爱，因为她们都已有了心上人。七位仙人终于明白不能强求，他们又朝姑娘们吹了口气，姑娘们回到了家中。没想到的是，七位姑娘的未婚夫都已经白了头，而她们还是如花似玉的模样。姑娘们解释了事情的原委，并提出立即和未婚夫完婚。但是，她们的未婚夫没有一个人愿意娶她们，就连她们的父母、兄弟姐妹、乡亲也都怀疑她们和妖异有染。

七位姑娘悲愤地走进海里，以死来证明自己的清白。这时，山呼海啸，雷雨大作，山岭和悬崖峭壁不断地后退，整个海边出现了一个月牙形的湾口，紧挨湾口出现了一条平缓延伸的、长达 7 千米的沙滩，其沙白如雪，软如棉，细如面。湾内的海水湛蓝如玉，能见度达 10 米之深。

七位女子的未婚夫们此时后悔不迭，望着沙滩痛哭流涕，这时山顶上忽然出现了那七位姑娘，原来她们七位都变成了仙女。七位姑娘还告诉他们，这海湾属南海龙王第五个儿子牙龙管辖，人们便把这海湾叫作牙龙湾。后来，正式定名为亚龙湾。

直到今天，亚龙湾仍美丽似仙境。凡是到过亚龙湾的人无不兴奋地说："三亚归来不看海，除却亚龙不是湾！"亚龙湾那美似清纯少女的自然风光，给人们留下了终生难忘的印象。

亚龙湾沙滩一角

蜈支洲岛，
情人之岛

蜈支洲岛

度假胜地

　　蜈支洲岛坐落在三亚市北部的海棠湾内，北面与南湾猴岛遥遥相对，南邻有"天下第一湾"美誉的亚龙湾。

　　蜈支洲岛的东部、南部地势较高，悬崖壁立，临海山石嶙峋陡峭，直插海底，惊涛如雪；中部山林草地起伏逶迤，绿影婆娑，

西部及北部地势渐平，一弯沙滩，沙质洁白细腻，恍若玉带天成。蜈支洲岛属热带海洋气候，全年温和气爽、四季怡人，是理想的度假休闲胜地。

传说故事

　　蜈支洲岛古时称为牛奇洲岛、古崎洲岛。相传因为古时先民刀耕火种，使植被遭到严重破坏，河水上游的泥石砂砾流入大海，污染水面。于是玉帝用手中神剑将距离此地 7 千米的琼南岭角之山岭截去一段，并命两头神牛驮此截山岭前去堵住河口。谁知途中被一人发现，点破了天机，两头神牛不动了，化作两块巨石，山岭也变成了岛屿。因此，

此岛得名"牛奇洲岛"。两块巨石则被称为"姐妹石"。后来在设立三亚市的时候，当地渔民向政府部门说起此岛很像一种名为"蜈支"的海贝，遂将此岛改名为蜈支洲岛。

　　蜈支洲岛古时还有一个美丽的名字，叫作"情人岛"。据说古时一位以海上打鱼为生的年轻人被风浪冲到了一座荒岛上。他在这里邂逅了一个美丽的姑娘，两个人一见钟情，

蜈支洲岛情人桥

相亲相爱。过了一段时间，姑娘要回家中探望，没想到却一去不回。原来姑娘是龙王之女，龙王知道女儿私结尘缘后大怒，把她关了起来。一天，龙女趁父王不注意就逃了出来。龙王紧追龙女，眼看着这对痴情男女就要相拥了，在后面紧紧追赶的龙王大喊一声，用定身术将两人定住，然后又把他们变成了两块大石头。千百年过去了，经历了潮起潮落洗礼的两块大石头，依然矗立在那里，静静相望，近在咫尺却远在天涯。

"中国第一潜水基地"

蜈支洲岛的东、南、西三面漫山叠翠，植物郁郁葱葱。不但有从恐龙时代流传下来的桫椤这样的奇异花木，还生长着号称"地球植物老寿星"的龙血树，可谓生物学家的天堂。

蜈支洲岛享有"中国第一潜水基地"的美誉。四周海域清澈透明，海水能见度6～27米，水域中盛产夜光螺、海参、龙虾、马鲛、海胆、鲳鱼及多种五颜六色的热带鱼，南部水域海底有着保护良好的珊瑚礁，是世界上为数不多的没有礁石或者鹅卵石混杂的海岛，是国内最佳潜水基地。

鹿回头公园，黎族青年的爱情传说之地

登山望海

鹿回头公园坐落在海南省三亚市西南端鹿回头半岛内，总面积 82.88 公顷，1989 年建成开放。有大小五座山峰，最高海拔 181 米。公园三面环海，一面毗邻三亚市区，是三亚市登高望海和观看日出日落的制高点，也是俯瞰三亚市全景的最佳去处。

鹿回头因一个美丽动人的传说而得名，因此设计人员根据美丽的传说在山上雕塑了一座高 12 米、长 9 米、宽 4.9 米的巨石雕像。三亚市也因此被人们称为"鹿城"。这里山岬角与海浪辉映，站在山上可俯瞰浩瀚的大海，远眺起伏的山峦，三亚市全景尽收眼底，景色极为壮观。

鹿回头公园

鹿回头的传说

"鹿回头"这个美丽的名字是怎样来的呢？据说古代有一位英俊的黎族青年猎手，头束红巾，手持弓箭，从五指山翻越 99 座山，涉过 99 条河，紧紧追赶着一只坡鹿来到南海之滨的山崖上。山崖之下已是茫茫大海，无路可走，那只坡鹿站在山崖尽头，忽然回过头来，它的目光清澈而美丽，凄艳而动情，青年猎手正准备张弓搭箭的手木然放下。这时火光一闪，烟雾腾空，坡鹿已变成一位美丽的黎族少女，两人遂相爱结为夫妻并定居下来。此山因而被称为"鹿回头"。关于鹿回头的传说不止一例，但都与爱情有关，这座山仿佛是为爱情而生的。

相伴石的传说

在鹿回头山顶的西麓，有一块巨石，一截两半。一半傲立在山顶端，一半平躺在山脚下，伸向海里，当地人称之为相伴石。相传是位女子为了等待打猎归来的恋人而守在山顶，遥望远方，天长日久，化作了一块立石。恋人归来后，听到村中人们的诉说，奔向山巅，长跪在少女石旁，誓死相依，便化作了一块平躺的石头，希望永远陪伴在恋人身旁。

鹿回头石雕

天涯海角，"这里四季春常在"

天海尽头

　　一般情况下，我们会用"天涯海角"一词来形容极远的地方，由此来说明人们彼此相隔得很遥远。可是你知道吗，世界上真的有"天涯海角"这个地方，它就在我国海南的三亚。

　　天涯海角位于三亚市区西南23千米处，以美丽迷人的热带海滨自然风光、悠久独特的历史文化而驰名中外。天涯海角是海南第一旅游胜地，背对马岭山，面向茫茫大海，这里海水澄碧，烟波浩渺，帆影点点，椰林婆娑，奇石林立，水天一色。海湾沙滩上，百块大小不一的岩石耸立，"天涯石""海角石""日月石"和"南天一柱"突兀其间，昂首天外，峥嵘壮观。不少岩石上还有众多石刻。其中，"海判南天"是天涯海角最早的石刻。"海判南天"石刻对面，有一尊高约7米、雄峙于大海的圆锥形巨石，为著名的"南天一柱"景观。第四套人民币2元券背面图案就是"南天一柱"景观。

"天涯石"

"海角石"

贬官谪臣

海口五公祠中的李德裕（右一）与胡铨（左一）塑像

为什么"天涯海角"会成为天地尽头的代称呢？古时的海南岛，人烟稀少，荒芜凄凉，是古代封建王朝流放官员之地。唐代宰相李德裕的"一去一万里，千之千不还"与宋代名臣胡铨的"区区万里天涯路，野草若烟正断魂"的诗句倾吐了谪臣的际遇。这里记载着历史上贬官谪臣的悲剧人生，游人至此，似有一种到了天地尽头感觉。

"这里四季春常在"

"请到天涯海角来，这里四季春常在。海南岛上春风暖，好花叫你喜心怀……"1982年，由郑南作词、徐东蔚作曲、沈小岑演唱的《请到天涯海角来》在全国流行。这首歌后来在1984年中央电视台春节联欢晚会上演唱。"四季春常在""瓜果遍地栽"的天涯海角逐渐被全国乃至世界人民所熟知，天涯海角成为海南的符号。

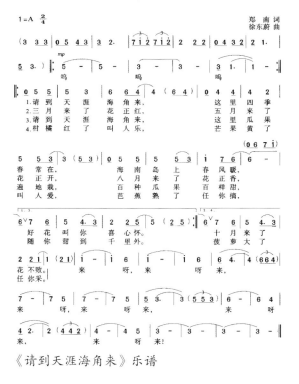

《请到天涯海角来》乐谱

三亚南山文化旅游区，中国最南端的山

极南之山

南山文化旅游区位于海南省三亚市南山，距市区 40 千米，是全国文明风景旅游区示范点。

南山文化旅游区共分三大主题公园：南山佛教文化园、中国福寿文化园和南海风情文化园。南山佛教文化园是一座展示中国佛教传统文化，富有深刻哲理寓意，能够启迪心智的园区。其主要建筑有南山寺、海上观音像、观音文化苑、天竺圣迹、佛名胜景观苑、十方塔林与归根园、佛教文化交流中心、素斋购物一条街等。中国福寿文化园是一座集中华民族文化精髓，突出表现和平、安宁、幸福、祥和气氛的园区。南海风情文化园，是一座拥有蓝天碧海、阳光沙滩、山林海礁等具有独特魅力的景观，突出展现中国南海之滨的自然风光和黎村、苗寨的文化风情，同时兼容一些西方现代内容的园区，主要建筑有黎苗风情苑、神话漫游世界、黄道婆纪念馆、海洋公园、海底世界、花鸟天堂等。

海上观音像

吉祥之地

南山历来被佛家称为吉祥福泽之地，并与众多史实和传说相连。据佛教经典记载，救苦救难的观音菩萨为了救度芸芸众生，发了十二大愿，其中第二愿即是"常居南海愿"。唐代著名僧人鉴真法师为弘扬佛法第五次东渡日本未果，漂流到南山，在此居住一年半之久并建造佛寺，传法布道，随后，他第六次东渡日本终获成功。日本第一位遣唐学问僧空海和尚因被台风所阻，在南山休整。随后由此出发，在泉州长溪（今福建霞浦）登陆，再辗转到达长安（今陕西西安）。

鉴真坐像

纺织专家黄道婆

黄道婆纪念馆

纺织专家黄道婆曾在南山脚下的水南村学习黎族织锦，开创了纺织业的新纪元。黄道婆是宋末元初人，出身贫苦，少年受封建家庭压迫流落海南，以道观为家，与黎族姐妹劳动生活在在一起，并师从黎族人学习运用制棉工具和织崖州被的方法。后来她重返故乡松江府乌泥泾镇（今上海市徐汇区华泾镇），教人制棉，传授和推广先进的棉纺织造技术。黄道婆去世以后，松江府曾成为全国最大的棉纺织中心，供给全国，时有"松郡棉布，衣被天下"的美称。

永兴岛，三沙市人民政府驻地

林木之岛

永兴岛，又名林岛，因岛上林木深密得名。它是一座由白色珊瑚、贝壳沙堆积在礁平台上而形成的珊瑚岛，呈椭圆形。四周为沙堤所包围，中间是潟湖干涸后形成的洼地。它是西沙群岛陆地面积最大的岛屿，在南沙岛礁吹填以前，曾一直是南海诸岛中面积最大的岛屿。永兴岛位于西沙群岛中部，处于西沙群岛、南沙群岛和中沙群岛的枢纽位置，在南海的战略地位非常重要。

永兴岛鸟瞰图

建制沿革

　　永兴岛自古以来就是我国的领土。早在新石器时代，中国南方沿海的先民就凭借船只，向南海索取生存资源。商周时期，南海沿岸的越族人就与中原地区开始往来。从那时起，我国渔民便常年在南海航行和从事捕捞作业，并最先发现南海诸岛。最迟从唐代起，海南渔民已在南海诸岛上居住。

　　据文献记载，宋代曾派海军巡视，并将南海诸岛划归宋朝版图。元代时，地理学家郭守敬曾在南海进行天文测量。明代郑和下西洋，标绘过南海诸岛地理位置。清宣统年间（1909—1912），广东海军曾赴西沙群岛查勘，刻碑升旗。

　　近代以来，永兴岛曾先后被法国、日本占领，至今岛上还留有当时的建筑遗迹。1946年9月，中国国民政府派海军司令部海事处上尉参谋张君然3次下南海，4次到达西沙群岛。1946年11月23日，张君然连同进驻西沙群岛的海军舰队副指挥官姚汝钰，乘"永兴"号

郭守敬塑像

海军收复西沙群岛纪念碑

驱逐舰登临永兴岛，并在岛上立下一方水泥纪念碑。纪念碑正面碑文为"南海屏藩"四个大字，背面刻有"海军收复西沙群岛纪念碑"，旁署"中华民国三十五年十一月二十四日　张君然立"，并以舰名命名此岛以示纪念。

建设开发

2012 年 7 月 24 日，海南省三沙市人民政府正式挂牌成立。如今的永兴岛是西沙群岛、南沙群岛、中沙群岛 3 个群岛的经济、军事、政治中心，是三沙市人民政府和众多上级派出机构、市级单位以及永兴工委管委驻地。岛上有政府大楼、学校、银行、邮政、医院、商店、招待所、图书馆、机场、码头港口、气象站、驻军等，有完善的生产和生活配套设施，是名副其实的海岛新都市。

南极

极地篇

中国南极长城站

南极绿洲

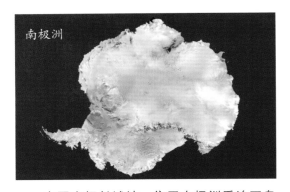

南极洲

中国南极长城站，位于南极洲乔治王岛的菲尔德斯半岛上，是我国在南极建立的第一所科学考察站。长城站背靠终年积雪的山坡，水源十分丰富，周边地势开阔。沿海的滩涂地带是企鹅、海鸟和海豹的栖息场所和繁殖地，海域中亦有鲸鱼繁衍。这里生长着南极洲仅有的 4 种显花植物；到了夏季，还能看到成片黄绿色的地衣和苔藓。这些自然条件使得长城站成为科学家进行考察的理想场所。

长城站自建站以来，经过 4 次扩建，现已初具规模，有各类建筑 25 座，其中包括办公栋、宿舍栋、医务文体栋、气象栋、通讯栋和科研栋等 7 座主体房屋，还有若干栋科学用房，如固体潮观测室、地震观测室、高空大气物理观测室、卫星多普勒观测室等，以及车库、工具库、冷藏室、蔬菜库等其他用房。目前，长城站设置齐全，功能完备，初步满足了科考人员的工作和生活需要。

建站背景

20 世纪 80 年代初期，我国国内政治初稳，经济物资贫乏。在当时很多人看来，花费大量人力、物力进行南极科考活动是得不偿失的行为。当时中国虽然已经加入了《南极条约》，但由于并未在南极建站，中国被归入只有发言权、没有表决权和决策权的缔约国。这就意味着在探讨南极有关问题和管理南极相关事务上，中国实际上是被拒之门外

的。从国家角度而言，这无疑是一种难以忍受的屈辱！正是在这种背景下，党中央和国务院批示通过了关于南极建站的申请。

长城站

长城站大事记

1984 年 12 月 27 日，我国南极考察总指挥陈德鸿，南极考察队队长郭琨、副队长董兆乾和有关人员登上南极洲的乔治王岛。

1984 年 12 月 29 日 21 时 50 分（当地时间，下同），经国家南极考察委员会批准，中国南极长城站站址选定在菲尔德斯半岛上，方位是 62°12'59" S，58°57'52" W。1985 年 2 月 14 日晚 22 点，中国南极长城站的建

设全部完成，我国第一个南极考察站崛起在南极洲乔治王岛的土地上。

1985 年 2 月 20 日上午，南极长城站落成典礼在大雪纷飞中举行，这标志着我国南极科学考察进入新的阶段。

2009 年 1 月 1 日，南极长城卫星网络通信系统建成并投入使用。

中国南极中山站

基本状况

中国南极中山站，是中国在南极洲建立的第二个科学考察站，位于东南极大陆拉斯曼丘陵。中山站建成于 1989 年 2 月 26 日，以民主革命的伟大先行者孙中山先生的名字命名。经过 20 多年的扩建，建筑面积达到 5800 平方米，包括办公栋、宿舍栋、气象栋、科研栋、文体娱乐栋、发电栋、车库等。

孙中山

中山站全景

选址过程

从 20 世纪 80 年代初开始，国家有关部门就展开了广泛的调研工作，多次派专家、学者到其他国家南极考察站参观访问，实地考察了日本昭和基地、澳大利亚戴维斯站、澳大利亚莫森站以及罗斯海的南极大陆沿岸的许多地段，取得了第一手资料。

在此基础上，我国多次组织专家、学者进行可行性论证，听取各方面的意见，形成最佳方案，预选出两处作为站址：一是普里兹湾内的拉斯曼丘陵地带，一是阿蒙森湾沿岸。这两处均属露岩地带，易于登陆，有丰富的淡水资源，地域广阔，便于发展，而且可作为向南极内陆进行科学考察的前进基地。

1988 年 10 月初，我国派先遣组随澳大利亚"冰鸟"号考察船赴南极洲，登上拉斯曼丘陵，对预选站区的地理环境、自然条件、淡水资源和地形特点等进行了实地勘察。先遣组认为，拉斯曼丘陵的建站条件比阿蒙森湾要优越些。南极委根据先遣组的实地勘察报告，最后确定中山站建在拉斯曼丘陵地带。中山站位于 69°22'24"S，76°22'40"E，是我国第一个位于南极圈内的南极科考站。

极光之美

极光被视为自然界中最漂亮的奇观之一，它其实是发生在地球高磁纬地区的一种大规模放电现象。极光多种多样、五彩缤纷、形状不一、绮丽无比，在自然界中罕有其他现象能与之媲美。由于特殊的地理位置，中山站一天会穿越两次极光带，是世界上进行极光观测的最佳场所之一。2012 年 3 月 2 日凌晨时分，在南极中山站，观测到绚丽的极光在南极的星空中迅速变幻，蔚为壮观。2015 年 10 月 10 日凌晨，中国南极中山站夜空再现神奇壮丽的极光。

极光

昆仑站

中国南极昆仑站

首个内陆考察站

　　中国南极昆仑站位于南极内陆冰盖最高点冰穹 A 西南方向约 7.3 千米处，是继长城站、中山站之后，中国建立的第三个南极考察站。与此同时，昆仑站还是我国首个南极内陆考察站，世界第六座南极内陆站，实现了中国南极考察从南极大陆边缘向南极内陆扩展的历史性跨越。

"冰盖之巅"

南极洲被人们称为第七大陆，是地球上最后一个被发现、唯一没有人居住的大陆。整个南极大陆被一个巨大的冰盖所覆盖，终年只有暖季和冷季两个季节。这个地区常年气候寒冷，暴风雪肆虐，人类无法在此久居，正因如此，南极洲是至今未被开发、未被污染的洁净大陆，这里蕴藏着无数的科学之谜和信息。

世界上共有 30 个国家在南极建立了 150 多个科考基地。其中，绝大多数科考站都建在南极边缘地区。昆仑站建成前，只有美国、俄罗斯、日本、法国、意大利、德国这 6 个国家，在南极内陆地区建立了 5 个内陆科考站（法国和意大利合作运营科考站）。

2005 年 1 月 18 日，中国第 21 次南极考察队从陆路实现了人类首次登顶冰穹 A。同年 11 月，中国又首次对中山站与冰穹 A 之间的格罗夫山地区进行了为期 130 天的科学考察活动。由于率先完成冰穹 A 和格罗夫山区的考察，中国最终赢得了国际南极事务委员会的准允，在冰穹 A 建立考察站。

2009 年 1 月 27 日，昆仑站胜利建成。

科考价值

从科学考察的角度看，南极有 4 个最有地理价值的点，即极点、冰点（即南极气温最低点）、磁点和高点。此前，美国在极点建立了阿蒙森－斯科特站，俄罗斯的沃斯托克站位于冰点之上，磁点则是法国建造的迪蒙·迪维尔站，只有冰盖高点冰穹 A 尚未建立科考站。而冰穹 A 作为南极"冰盖之巅"，具有极高的科研价值，这里的观测指标对全球气候变化研究来说非常有说服力；而且在这个区域，最有可能找到地球上最古老的冰芯。此外，冰穹 A 地区具备地球上最好的大气透明度和大气视宁度（天文望远镜显示图像的清晰度），1 年内有 3~4 个月的连续观测时机，被国际天文界公认为地球上最好的天文台址。昆仑站选址于此具有极高的科考价值。

中国南极泰山站

泰山站

2014年1月3日下午两点半左右，中国在南极的第四个科学考察站——中国南极泰山站完成了钢结构主体的封顶作业。同年2月8日，国家海洋局宣布，中国南极泰山站正式建成开站。

泰山站是继长城站、中山站、昆仑站之后中国的第四个南极科学考察站。之所以把新建的南极科考站命名为"泰山站"，是因为之前在建立昆仑站的时候，国家海洋局通过网络在全国进行征名，当时"泰山"位居第二，"昆仑"位居第一，这次参照了上次的全民征名的结果。与此同时，泰山作为五岳之首，自古以来是我国的名山，孔子曾说过"登泰山而小天下"，取名为"泰山"，

泰山

有坚实、稳固、庄严、国泰民安等美好寓义，象征着中华民族巍然屹立于世界民族之林；而且科考站位于南极冰盖之上，还包含了希望它稳如泰山、长久屹立的美好心愿。

功能概况

泰山站位于中山站与昆仑站之间的伊丽莎白公主地，海拔高度约 2621 米，与昆仑站遥相呼应，同时能覆盖格罗夫山等南极关键科考区域。作为一座南极内陆考察的度夏站，这里年平均温度 −36.6℃，可满足 20 人度夏考察生活，总建筑面积 1000 平方米，使用寿命 15 年，配有固定翼飞机冰雪跑道。

泰山站定位之一是中转枢纽站，具备科学观测、人员住宿、发电、物资储备、机械维修、通讯及应急避难等功能，配有车库、机场、储油设施等。目前，我国在南极建立的 4 个科考站中，长城站、中山站为常年站，昆仑站只是度夏站，但未来也将建设为常年站。届时，泰山站将成为唯一的度夏站。

科考意义

南极大陆终年被冰雪覆盖，夏季露出的基岩地带不足 5%，人类科学考察活动也主要集中在这 5% 的地区，而南极更多的科学之谜埋藏在南极内陆深处。泰山站的建立，将进一步推动中国南极考察从南极大陆边缘地区向南极大陆腹地挺进，泰山站建成后可以实现部分设备在冬季无人值守的情况下连续运行。

中国南极泰山站和中国南极长城站、中国南极中山站、中国南极昆仑站、中国北极黄河站，既是我国极地工作者开展科学考察的平台，又是我国对外科学交流的重要窗口。

中国北极黄河站

冰雪世界

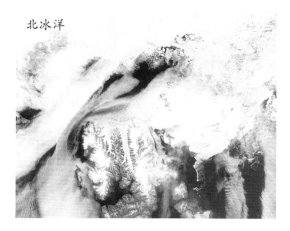
北冰洋

神秘的南极和北极，天寒地冻，冰雪皑皑，深深地影响着人类居住的蓝色星球。很久以前，地球两极就吸引着无数人的目光。

与整块冰盖覆盖的南极大陆相比，北极地区则是一片浩瀚的冰封海洋（北冰洋）。在这里，冬季，太阳始终在地平线以下，大海完全封冻结冰；夏季，气温完全上升到冰点以上，北冰洋的边缘地带融化，太阳连续几个月都挂在天空。北冰洋中有丰富的鱼类和浮游生物，为夏季在这里筑巢的数百万只海鸟提供了丰富的食物来源，同时也是海豹、鲸和其他海洋动物的食物。北极地区是世界上人口最稀少的地区之一，千百年来，只有因纽特人在这里世代繁衍。

北极建站

继探险时代之后，美国、苏联、法国、英国等国家先后在两极建立了众多科学考察站，这些探险和考察活动极大丰富了人类发展的文明史。中国作为极地科学考察事业中的后来者，从 20 世纪 80 年代起，伴随着改革开放的步伐，在南极大陆建立了长城站和中山站，南极考察一步步从大陆边缘深入内陆。

北极也在近年走进中国人的视野。1999年和2003年，中国政府两次派遣"雪龙"号科学考察船进入北极科学考察，采集了大量数据资料，获得了对北极的直接认识。但与其他主要极地考察国家相比，中国还存在较大的差距。在北极，中国还没有一个固定的立足点，缺乏长期研究的能力。

中国人的目光，再次转向北方，地处78°55′N的斯匹次卑尔根群岛逐渐引起中国人的关注。早在1920年2月9日，英国、美国、丹麦、挪威、瑞典、法国等18个国家在巴黎签订了《斯匹次卑尔根群岛行政状态条约》。1925年，包括中国在内的33个国家也加入了该条约，成为该条约的协约国。该条约使斯匹次卑尔根群岛成为北极地区第一个也是唯一的非军事区，该地区"永远不得为战争的目的所利用"。根据约定，各缔约国的公民可以自主进入斯匹次卑尔根群岛，在挪威法律允许的范围内从事正当的生产和商业活动。依据《斯匹次卑尔根群岛行政状态条约》，中国2004年在此建立了中国北极黄河站，开展北极科考。

科考意义

黄河站所"驻扎"的站房，是一座斜坡顶的二层独栋小楼，总面积约500平方米，实验室、办公室、阅览休息室、宿舍、储藏室一应俱全。在小楼的顶部有5个小"阁楼"，那是黄河站的重要设施——光学观测平台。最值得称道的是，黄河站拥有全球极地科考站中规模最大的空间物理观测点。

黄河站的建立，为我国在北极地区创造了一个永久性的科研平台，这为解开空间物理、空间环境探测等众多学科的谜团提供了极其有利的条件。

黄河站

中国南极罗斯海新站

"最后的海洋"

　　罗斯海是南太平洋深入南极洲的大海湾，是地球上船舶所能到达的最南部海域之一，也是人类通过船舶抵达南极大陆、前往南极点的传统线路，由英国探险家、航海家詹姆斯·克拉克·罗斯于 1841 年发现并命名。

　　罗斯海沿岸有埃里伯斯火山、墨尔本火山等多座著名火山，冰雪覆盖，山海相映，是南极最美丽的海湾之一，它被认为是地球上最后一个完整的大海洋生态系统，几乎没有遭到污染，也几乎不存在过度捕捞和物种入侵的现象。也正因此，罗斯海有"最后的海洋"之称。

　　自罗斯海被发现以来，它吸引了来自世界各地的科学家来此地研究地理、气候及其独特的野生动物。罗斯海现在是整个南半球最适合研究的大陆架。从罗斯海取得的标本描述了超过 500 种的生物，这些数据集，跨越 170 年，是南极洲最长的数据集。此外，罗斯海的原始条件为科学家提供了一个卓越和独特的"天然实验室"，用于研究健康和完整的生态系统的动

詹姆斯·克拉克·罗斯画像

罗斯海

态。在这里，该系统由自然而非人类力量组成，为科学家提供了机会，了解气候变化和海洋酸化的影响，而不受人类直接影响的干扰。

罗斯海新站

截止至 2018 年 2 月，已有美国、新西兰、意大利、俄罗斯、德国、韩国 6 个国家在罗斯海沿岸区域建设了 7 个考察站，国际上在罗斯海区域选划设立了南极最大的海洋保护区。

2018 年 2 月 7 日，中国南极罗斯海新站在恩克斯堡岛正式选址奠基，预计 2022 年建成。

按计划，罗斯海新站建成之后，将具备在本区域开展地质、气象、陨石、海洋、生物、大气、冰川、地震、地磁、遥感、空间物理等科学调查的保障条件，满足度夏、越冬的管理、科考、后勤支撑人员长期生活、工作、医疗的需求，具备数据传送、远程实时监控、卫星通信、保障固定翼飞机和直升机作业等功能，成为中国"功能完整、设备先进、低碳环保、安全可靠、国际领先、人文创新"的现代化南极考察站。

罗斯海区域既是南极考察与研究历史最长的区域，又是南极国际治理的热点区域。中国在此区域建设新站，是积极参与极地全球治理、构建人类命运共同体的务实举措，开启了新时代南极工作的新征程。

罗斯海沿岸区域的美国麦克默多站

本书部分图片由于权源不详，无法与著作权人一一取得联系，未能及时支付稿酬，在此表示由衷的歉意。请有关著作权人与我社联系。

联 系 人：徐永成

联系电话：0086-532-82032643

电子邮箱：cbsbgs@ouc.edu.cn

图书在版编目（CIP）数据

中国海洋地标/青岛海洋科普联盟编.—青岛：
中国海洋大学出版社，2019.2（2022.8重印）

ISBN 978-7-5670-2195-2

Ⅰ．①中… Ⅱ．①青… Ⅲ．①海洋地理学-介绍-中
国 Ⅳ．①P72

中国版本图书馆CIP数据核字(2019)第080733号

中国海洋地标

出版发行	中国海洋大学出版社		
社 址	青岛市香港东路23号	邮政编码	266071
出 版 人	杨立敏	电子信箱	flyleap@126.com
网 址	http://pub.ouc.edu.cn	订购电话	0532-82032573（传真）
责任编辑	张跃飞	电 话	0532-85901984
印 制	青岛海蓝印刷有限责任公司	成品尺寸	185 mm × 225 mm
版 次	2019年9月第1版	印 次	2022年8月第2次印刷
字 数	196千	印 张	11
印 数	3001~5000	定 价	49.00元

发现印装质量问题，请致电0532-88785354，由印刷厂负责调换。